飞机型架与装配工艺

主　编　黄　鹏　王　英

副主编　严　勇　吕勤云

参　编　解　芳　谭目发　盛　科

　　　　沈宇峰　谌　侨　任锋亮

　　　　瞿绍奇

主　审　文　韬

北京理工大学出版社
BEIJING INSTITUTE OF TECHNOLOGY PRESS

内 容 简 介

本书从飞机装配生产实际及相关岗位需求出发，依据学生认知规律和技能生成规律，通过大量真实案例，由浅入深、由简入繁详细解析飞机型架的结构组成、典型飞机装配型架、型架安装与调试、型架使用与维护、飞机装配基本技能等知识，注重强化学生职业素养培养及专业技术积累，并将专业精神和职业精神融入教材内容中。全书共设置了6个项目：项目1介绍飞机发展历程、飞机构造及结构特点、飞机装配工艺等内容，使初次接触飞机装配的读者了解和认识飞机装配，并引出全书重点——飞机装配型架。项目2介绍型架结构组成和典型飞机装配型架。项目3介绍飞机型架装配要求、流程和常用型架安装方法。项目4介绍型架的检验、日常使用和维护要求。项目5介绍飞机装配常用工具及其使用与调试方法。项目6介绍飞机装配现场管理，简要介绍了现代飞机装配现场管理技术和基本要求。

本书主要面向飞行器数字化制造技术、飞机数字化装配技术、飞机机电设备维修等航空类专业定向培养士官和在校学生，同时可供航空企业员工培训与复训，以及对飞机型架装配技术感兴趣的读者使用。

图书在版编目（CIP）数据

飞机型架与装配工艺 / 黄鹏，王英主编.--北京：
北京理工大学出版社，2022.7
ISBN 978-7-5763-0534-0

Ⅰ.①飞… Ⅱ.①黄…②王… Ⅲ.①飞机—装配型架—工艺学 Ⅳ.①V262.4

中国版本图书馆CIP数据核字（2021）第263488号

出版发行 / 北京理工大学出版社有限责任公司

社　　址 / 北京市海淀区中关村南大街5号

邮　　编 / 100081

电　　话 / （010）68914775（总编室）

　　　　　（010）82562903（教材售后服务热线）

　　　　　（010）68944723（其他图书服务热线）

网　　址 / http://www.bitpress.com.cn

经　　销 / 全国各地新华书店

印　　刷 / 河北鑫彩博图印刷有限公司

开　　本 / 787毫米×1092毫米　1/16

印　　张 / 11　　　　　　　　　　　　　　责任编辑 / 阎少华

字　　数 / 233千字　　　　　　　　　　　文案编辑 / 阎少华

版　　次 / 2022年7月第1版　2022年7月第1次印刷　　责任校对 / 周瑞红

定　　价 / 59.00元　　　　　　　　　　　责任印制 / 边心超

前　言

　　飞机零部件具有数量多、刚度低、尺寸大、外形复杂、质量要求高、成型工艺复杂、定位困难、装配易变形等特点，在飞机装配时需要用到大量辅助工装。型架作为应用最多的一类飞机辅助工装，有效解决了飞机装配由于外形复杂、零组件数量多、内部空间紧凑、协调关系难以控制、质量要求严格等特征导致的零部件协调定位困难、装配和安装周期长等问题，并在飞机装配生产一线大量应用。

　　本书主要面向航空、航天器及设备制造行业中的航空航天产品装配调试人员、航空航天工程技术人员、机械工程技术人员等职业群体，可供从事飞行器数字化装配与调试、组合件及部件数字化装配等工作的高素质技术技能人才使用。本书编写过程中强调"教学规律与企业需求有机结合"的原则，遵循"以能力为目标、以学生为主体、以教师为主导、以项目为载体、以任务驱动为导向"的编写理念，结合航空类教学特点，力求突出以下特色：

　　1. 模块知识与技能点的设计全面、系统，编排方式合理，将理论知识与实际操作技能有机结合在一起。项目清晰、任务明确、内容精练、重点突出，能有效指导型架装调、使用、维护人员的实践操作。

　　2. 书中植入二维码，将教学视频等丰富的教学资源制作成二维码资源，打造立体化数字教材，为翻转课堂教学模式改革提供帮助，满足学习者"线上线下"的学习需求。

　　3. 针对高等院校航空类专业突出实践教学要求，配套编写实训工卡，辅助专业实训教学任务开展。

　　4. 精选企业典型工作任务案例作为实训教学内容，实现教学实践与企业生产过程的精准对接，注重职业素养培育和工匠精神传承，全面提升学习者的岗位职业能力。

　　5. 课程思政特色明显，利用经典故事展示大国工匠、大国重器、质量至上等思政内容，在团队合作、规范标准、诚实守信等方面重点体现。

　　本书由教育教学经验丰富的骨干教师和项目实践经验丰富的企业专家共同编写，对教材的全面性、系统性、合理性等方面进行了大量的研讨。参与编写人员有：长沙航空职业技术学院黄鹏、文韬、严勇、吕勤云、解芳、谭目发、盛科、沈宇峰、谌侨，企业专家王英、任锋亮、瞿绍奇。本书参考了部分专业资料和书籍，在此表示感谢。本书在编写过程中得到了航空企业技术专家的大力支持，他们无私提供了大量资料和文献，在此对各位老师一并表示诚挚的谢意！

由于编者水平和知识有限，加之编写时间较仓促，书中难免存在不足和欠妥之处，敬请读者批评指正。如有建议欢迎发送至 hrbgchp@163.com，我们将虚心接纳，对您的宝贵建议表示诚挚感谢！

编　者

目 录 Contents

06

项目 6　飞机装配现场管理　　156

飞机装配概述

【项目简介】

本项目开篇简要介绍了典型飞机结构的组成和特点，旨在帮助初学者建立起飞机结构的总体印象。鉴于飞机结构有多样性、复杂性和特殊性能的要求，且飞机零部件具有尺寸大、刚度低、数量多、质量要求高、成型工艺复杂等特点，为方便制造和批量生产，在实际设计和制造过程中会对飞机结构进行分离，飞机装配过程实际上就是将分离的部件、段件、板件、零件等重新定位和装配的过程。为使读者进一步理解飞机的结构特征，本项目简要介绍了飞机设计分离和工艺分离，重点介绍了飞机主要部件的典型结构组成和连接形式，以及典型飞机装配定位方法和装配准确度要求，并拓展介绍了现代飞机装配新技术，为后续学习飞机型架装配奠定理论基础。书中引入大量实际飞机结构图文资料，以方便读者快速理解飞机的结构特征。

【学习目标】

1. 知识目标

   （1）理解飞机的结构组成和结构特点。

   （2）理解飞机的结构设计分离和工艺分离。

   （3）掌握典型飞机的结构形式和对接形式。

   （4）掌握飞机的装配定位和准确度要求。

   （5）了解现代飞机先进装配工艺和技术。

2. 能力目标

   能够了解飞机的结构组成、功能和特点；能够了解飞机结构装配流程；具备识读飞机装配工艺文件的知识；具备查阅、研读现代飞机装配技术文献的能力。

3. 素质目标

   掌握一定的学习方法，培养良好的职业道德和职业素养，磨砺精益求精的工匠精神，养成质量意识、环保意识、安全意识、创新意识，形成较强的集体意识和团队合作精神，能够理解企业战略和适应企业文化。

任务 1.1　飞机结构

【任务引入】

不同于一般机械装配，在飞机装配制造过程中会大量应用到装配型架，飞机装配为什么要使用型架进行呢？这是由飞机的特殊使用需求和结构形式决定的。鉴于大多数读者是初次接触飞机，对飞机的发展历程、功用、结构组成、结构特点缺乏认识，本任务旨在带领读者认识飞机、理解飞机的结构特征，帮助初学者建立起飞机结构的总体印象。

【任务分析】

飞机自诞生之初就广泛应用于各类民生和国防领域；为满足各种使用需求，飞机通常需要机身、机翼、操纵系统、动力装置、起落装置等不同的功能部件；在实际使用中，各功能部件会承受各类正常荷载（如发动机推力、气动升力、气动阻力、重力等）或非正常荷载（如突风、鸟撞、雷击等），因此就需要相应的结构元件或构件通过某些连接方式（飞机中大多使用铆接、螺接、胶接等）组合成一个完整组合体承受和传递各类荷载。遵从上述知识逻辑，本任务将带领读者依次学习飞机的发展历程、功用、结构组成、对接形式及飞机结构特点。

【知识学习】

■ 1.1.1　绪论

1903 年 12 月 17 日，莱特兄弟成功地进行了世界公认的人类第一次使用重于空气的、有动力的飞行器进行的载人飞行，标志着人类的飞行梦想变成了现实（图 1-1）。自此，飞机深深地改变和影响了人们的生活，开启了人类征服蓝天的历程。作为 20 世纪初最重大的科技成果之一，飞机是人类科技创新能力与工业化生产形式相结合的产物，是现代科学技术的综合体现，广泛应用于客运、货运、农业、观光、国防等各行各业。军事和民生对飞机的需求促进了飞机迅速发展，使其体现了当代科学技术的最新成果；而航空领域的持续探索和不断创新，为诸多学科的发展和相关技术的突破提供了强劲动力。

人类社会活动的需求与技术的发展催生了飞机的诞生，两次世界大战则极大地刺激了航空工业的发展。

第一次世界大战爆发后，飞机及飞机设计、制造业得到了很大的发展。飞机首先被用于侦察；继而装上机枪，专门进行空中战斗；后来又装上炸弹，轰

图 1-1　莱特兄弟发明的飞机

炸敌方的地面阵地；为了将敌机驱逐出己方阵地，截击机应运而生；还有的飞机专门执行对地面部队攻击的任务；在战争的硝烟中，诞生了一系列专用作战飞机，如侦察机、战斗机、轰炸机、强击机和教练机等（图1-2）。

图 1-2　活跃于第一次世界大战的飞机

第二次世界大战进一步刺激了飞机的发展，在战争的迫切需求下，飞机产生了第二次飞跃，活塞发动机飞机的性能发展到巅峰状态。第二次世界大战后期，喷气式飞机开始登上战争的舞台，人类从此进入喷气飞行的新纪元（图1-3）。

图 1-3　活跃于第二次世界大战的飞机

经过两次世界大战的洗礼，世界强国纷纷建立起强大的航空研发、试验、制造产业。第二次世界大战后，空气动力学、喷气推进技术、电子计算机技术和先进材料技术的迅速发展进一步推动了飞机快速的更新换代，民航客机、通用飞机、作战飞机都迅速发展。其中，军用飞机能力的提升尤为明显，例如，第二次世界大战后战斗机已发展到第四代，如美国 F-22、我国歼-20 等（图1-4）。

图 1-4　各国现役、在研第四代战斗机

随着航空业整体的飞速发展，航空制造技术也不断更新换代。飞机制造是指按设计要求完成飞机零部件加工、装配的全过程，可划分为毛坯制造、零件加工、装配安装和试验四个阶段。通常狭义上的飞机制造仅指飞机结构零件制造、部件装配和整机总装。飞机的成附件（如航空发动机、仪表、机载设备、液压系统等）由专门工厂制造，不列入飞机制造范围，但它们作为成品在飞机上的安装，电缆和导管的敷设，以及各系统的功能调试都属于总装工作，是飞机装配的一个组成部分。

飞机的装配安装工作在飞机制造中占有重要的地位。在一般的机械制造中，装配和安装工作的劳动量占产品制造总劳动量的 20% 左右。而在飞机制造中，装配和安装工作的劳动量占飞机制造总劳动量的 50% ～ 60%，主要是因为飞机构造复杂、零件和连接件的数量大、机械化和自动化程度比较低、手工劳动量占比大、质量要求高、技术难度大。因此，提高飞机装配和安装的技术水平，在飞机制造中具有重要意义。

■ 1.1.2　飞机结构组成

飞机作为一种能依靠自身动力产生升力在大气层内飞行的重于空气的航空器，自问世以来，其结构形式不断改进，类型不断增多，到目前为止，除极少数特殊形式的飞机外，大多数飞机由六个主要部分组成，即机身、机翼、尾翼、起落装置、操纵系统和动力装置。它们各有独特的功用，飞机通过动力装置（发动机）并借助燃油燃烧做功产生水平方面的推力，再利用飞机的升力面（机翼、尾翼、鸭翼、襟副翼、各种舵面等）借助空气介质产生升力和操纵力，实现飞机的飞行和控制。为了实现飞机在地面的滑跑起降，飞机装有起落装置和机轮。根据用途不同，飞机可分为军用飞机和民用飞机两大类。军用飞机和民用飞机典型飞机的结构组成，如图 1-5 所示。

1. 机身

机身主要用来装载人员、货物、燃油、武器和机载设备，并通过它将机翼、尾翼、起落装置等部件连成一个整体。轻型飞机和歼击机、强击机还常将发动机安装在机身内。军用飞机和民用飞机的典型飞机的机身结构组成，如图 1-6 所示。

2. 机翼

机翼是飞机上用来产生升力的主要部件，一般可分为左右两个翼面。通常，机翼有平

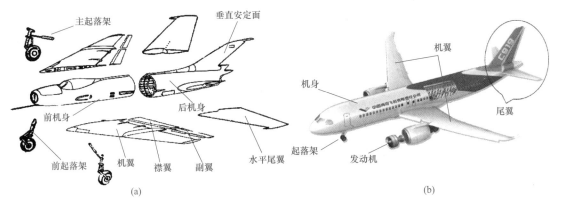

图 1-5　典型飞机的结构组成

（a）典型战斗机的结构组成；（b）典型民航飞机的结构组成

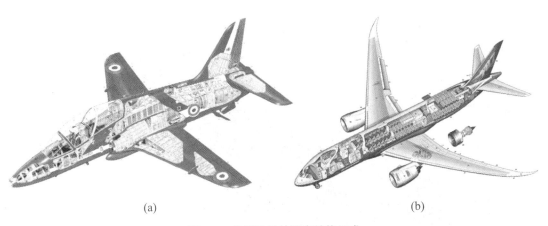

图 1-6　典型飞机的机身结构组成

（a）典型战斗机的机身结构；（b）典型民航飞机的机身结构

直翼、后掠翼、三角翼等类型。机翼前后缘都保持基本平直的称为平直翼；机翼前缘和后缘都向后掠的称为后掠翼；机翼平面形状呈三角形的称为三角翼。平直翼适用低速飞机；后掠翼和三角翼适用高速飞机。近年来，先进飞机还采用了边条机翼、前掠机翼等平面形状。左右机翼后缘各设置一个副翼，飞行员利用副翼进行滚转操纵。例如，飞行员向左压杆时，左机翼上的副翼向上偏转，左机翼升力下降；右机翼上的副翼下偏，右机翼升力增加，在两个机翼升力差作用下飞机向左滚转。为了降低起飞离地速度和着陆接地速度，缩短起飞和着陆滑跑距离，机翼后缘还装有襟翼。襟翼平时收上，起飞或着陆时放下。典型飞机机翼结构，如图 1-7 所示。通常，机翼结构是由翼梁、纵墙、桁条、翼肋和蒙皮等构件组成。机翼结构用于形成和保持必需的机翼外形及承受外部荷载引起的剪力、弯矩和扭矩。

3．尾翼

对于大多数常规布局的飞机，尾翼可分为垂直尾翼和水平尾翼两部分，如图 1-8 所示。

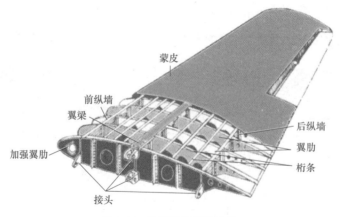

图 1-7　典型飞机机翼结构

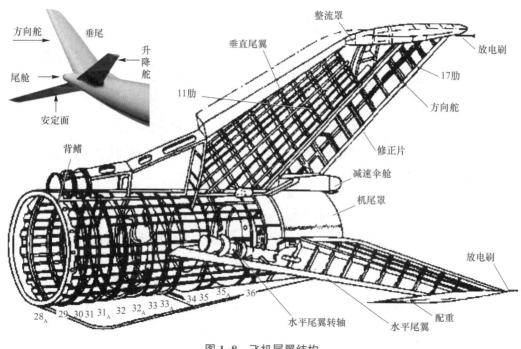

图 1-8　飞机尾翼结构

（1）垂直尾翼。垂直尾翼垂直安装在机身尾部，主要功能为保持飞机的方向平衡和操纵。通常，垂直尾翼后缘设有方向舵，飞行员利用方向舵进行方向操纵。当右偏航时，飞行员蹬右舵，方向舵右偏，相对气流吹在垂直尾翼上，使垂直尾翼产生一个向左的侧力，此侧力相对于飞机重心产生一个使飞机机头偏航的力矩，从而使机头右偏；同样，蹬左舵时，方向舵左偏，机头左偏。某些高速飞机没有独立的方向舵，整个垂直尾翼跟着脚蹬操纵而偏转，称为全动垂直尾翼，如歼 -20 飞机。

（2）水平尾翼。水平尾翼水平安装在机身尾部，主要功能为保持俯仰平衡和俯仰操纵。低速飞机水平尾翼前段为水平安定面，是不可操纵的，其后缘设有升降舵，飞行员利用升降舵进行俯仰操纵。即飞行员拉杆时，升降舵上偏，相对气流吹向水平尾翼时，水平尾翼产生附加的负升力（向下的升力），此力对飞机重心产生一个使机头上仰的力矩，从而使飞机抬头。同样，飞行员推杆时，升降舵下偏，飞机低头。超音速飞机一般采用全动头平尾翼，即将水平安定面与升降舵合为一体，飞行员推拉杆时整个水平尾翼都随之偏转。飞行员采用全动头平尾翼进行俯仰操纵。其操纵原理与升降舵相同。某些高速飞机为了提高滚转性能，在左、右压杆时，左、右水平尾翼反向偏转，以产生附加的滚转力矩，这种水平尾翼称为差动水平尾翼。

4. 起落装置

起落装置的功用是使飞机在地面或水面进行起飞、着陆、滑行和停放。着陆时，还通过起落装置吸收撞击能量，改善着陆性能。常见的起落装置，如图 1-9 所示。

图 1-9 常见的起落装置

早期陆上飞机起落装置比较简单，只有三个起落架，而且在空中不能收起，飞行阻力大；现代的陆上飞机起落装置包含起落架和改善起落性能的装置两部分，且起落架在起飞后即可收起，以减少飞行阻力。改善起落性能的装置主要有起落架收放系统、机轮刹车、转弯系统、减速伞等。水上飞机的起落装置由浮筒代替机轮。

5. 操纵系统

飞机操纵系统是指从座舱中飞行员驾驶杆（盘）到水平尾翼、副翼、方向舵等操纵面，用来传递飞行员操纵指令，改变飞行状态的整个系统。早期的操纵系统是由连杆、摇臂（或钢索）组成的纯机械操纵系统，如图 1-10 所示。现代飞机通过电缆或光纤传递操纵指令，操纵系统中采用了很多自动控制装置，因而，通常也将它称为飞行控制系统，如图 1-11 所示。

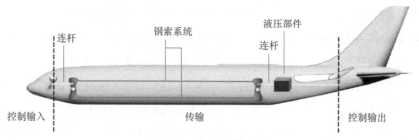

图 1-10 机械操纵系统

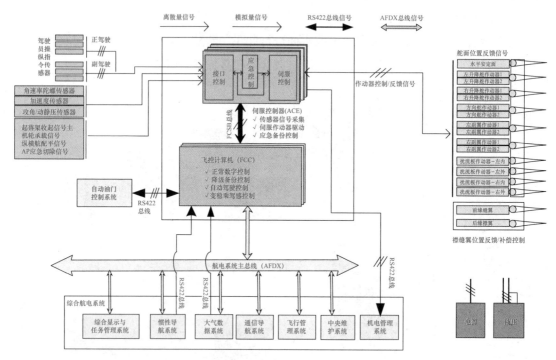

图 1-11 电传飞行控制系统

6. 动力装置

飞机动力装置是用来产生拉力（螺旋桨飞机）或推力（喷气式飞机），使飞机前进的装置。采用推力矢量的动力装置，还可用来进行机动飞行。现代的军用飞机多数为喷气式飞机。喷气式飞机的动力装置主要可分为涡轮喷气发动机和涡轮风扇发动机两类，如图 1-12 所示。

（a）   （b）

图 1-12 飞机发动机

（a）涡轮喷气发动机；（b）涡轮风扇发动机

■ 1.1.3 飞机结构特点

由于飞机在空中需要在高速飞行的状态下运送人员、货物或空中作战，使得它不同于一般机械，既要求安全可靠，又要求结构轻巧，还要求飞机外形要符合空气动力学原理，这就决定了飞机结构不同于一般机械产品，而且具有以下特点：

（1）构造复杂，零件众多。一辆载重汽车包括发动机在内有 3 000 多个零件，而一架飞机仅壳体上的零件就有 15 000 ～ 100 000 件，其中还不包括上百万件的螺钉、铆钉等标准件。例如，某轰炸机仅重要附件就有 8 100 种，以及 325 台电子电气装置、2 400 m 液压管路和长达 100 km 左右的导线。许多零件、附件、仪表设备都要由专门的成附件厂商供应，因此，要求有广泛的协作体系和成熟的航空制造产业。

（2）外形复杂、尺寸大。飞机的骨架和蒙皮大多具有不规则的曲面形状，根据机型的不同，如重型运输机 C-5 飞机的机翼翼展达到 68 m，机身全长达到 75 m，因此决定了零件、组合件、部件的尺寸也较大。如波音 747 飞机机翼上一块整体壁板长达 34 m。

（3）精度要求高、工艺刚度小。如某飞机的复杂曲面蒙皮壁板，最大尺寸为 2.5 m×12 m，成型误差要求小于 0.3 m。而机体绝大多数零件刚度均很小，许多结构是由加工和装配过程中容易产生变形的钣金件或金属薄壁零件组成的薄壳结构。为达到气动力性能要求，大部分机体结构件的外形准确度一般都为 10 ～ 11 级精度。

◳◳ 【任务实施】

图 1-13 所示为歼 -7 飞机三视图。该飞机为典型二代机，具有轻型、超声速特征，采用机头进气、三角机翼、后掠全动尾翼、机身尾部内置发动机和中单翼布局形式。结合前面学习的知识和飞机实物，请描述该飞机由哪些部件组成？各部件的作用是什么？该飞机的尾翼采用的是什么布局形式？

图 1-13　歼 -7 飞机三视图

【巩固提高】

1. 简要列举典型飞机结构组成。

2. 简要列举机身的作用。

3. 简要列举典型机翼的结构组成。

4. 列举三种飞机尾翼的布局形式。

5. 简要列举常规布局飞机尾翼结构组成。

6. 简要列举飞机结构的特点。

7. 查阅资料，总结第二次世界大战后战斗机的发展历程，即人们常说的"四代机"划分，提炼"一代机""二代机""三代机""四代机"性能参数、布局形式和结构组成等方面的差异。

任务 1.2 飞机结构分离与对接

【任务引入】

由于飞机结构外形复杂、且尺寸较大，为方便工程制造和使用维护，在设计和生产过程中将飞机结构分解为较小的零件单元，以提高生产效率、降低制造成本、方便批量生产。如何对飞机结构进行分离？有哪些具体的分离方法？分离后如何对接？

【任务分析】

飞机实际上是由机身、机翼、尾翼、操纵系统、动力装置、起落装置等功能部件组成。由于上述部件的作用和受载情况不同，其结构存在较大差异，在飞机设计阶段，工程技术人员通常按功能部件将飞机设计成可拆卸的组合体，称为设计分离。即使对飞机结构进行设计分离后，这些组件尺寸还是非常大、结构依然很复杂，还需要进一步分离，将飞机结构分解为更加简单、方便制造的基本单元，然后通过一系列对接方式将零件、板件、段件、组件重新组装起来，即工艺分离。因此，本任务主要学习飞机的结构分离及分离后的对接方式。

【知识学习】

■ 1.2.1 飞机结构分离

由于飞机零部件外形复杂、尺寸较大、刚度较低，通常飞机是分解成零件单元进行组装、部装和总装。这些相邻单元之间的对接处或结合面称为分离面。结构分离面可分为设计分离面和工艺分离面两大类。设计分离面由设计人员确定；工艺分离面由工艺人员确定。

1. 设计分离

飞机的机体由几万甚至几十万个零件组成。根据使用功能、维护修理、运输方便等方面的需要，设计人员将整架飞机在结构上划分为许多部件和组合件。例如，按使用功能，可分为机身、机翼、襟翼、副翼、垂直尾翼（垂直安定面）、方向舵、水平尾翼（水平安定面）、升降舵、座舱盖、前起落架、主起落架、发动机舱、各种舱门等；按维护修理的需要，可分为前机身、后机身、各种口盖等。这些部件和组合件（简称组件）之间一般都采用可拆卸连接（螺栓连接、铰链接合），要求具有互换性。某飞机设计分离，如图 1-14 所示。

2. 工艺分离

在飞机制造中，由于飞机结构的特点，只有少数零件是形状规则、刚性好的机械加工零件，大多数零件是形状复杂、尺寸大、刚性小的钣金零件或薄壁零件，将这些零件装配成形状和尺寸符合设计准确度要求的产品，需要采用体现产品尺寸和形状的专用装配型架对产品进行装配，制造难度大、成本高，为了生产上和工艺上的需要，还要对设计的部件、组件进行进一步的分解。例如，将机身按工艺分离面划分为机头、前机身、中机身、中后机身前段、中后机、身后段、后机身等，如图 1-15 所示；机翼划分为

图 1-14　某飞机设计分离

前缘、后缘、翼尖、翼盒、翼梁、翼肋等部件、段件和组件，这些段件或组件之间一般均为不可拆卸连接，它们之间的分离面称为工艺分离面，以便于按工艺特点组织段件生产，缩短装配周期。工艺分离对构造工艺性具有重要的意义。合理划分板件，在装配工作中可以改善劳动条件，便于机械化和产业化，缩短装配周期，降低产品的制造成本。飞机部件板件化程度一般达到 80% 以上。

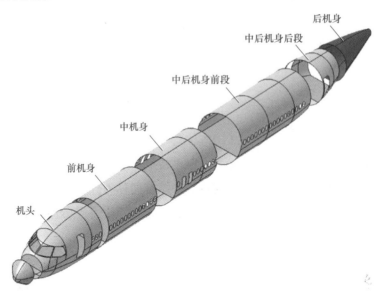

图 1-15　C919 飞机机身工艺分离面结构分解

　　工艺分离面根据飞机装配需要由装配工艺人员确定，工艺分离面有时与设计分离面一致，有时也可以与设计分离面不一致。增加划分段件的工艺分离面，会导致结构重量增加。机身一般不轻易增加划分段件的分离面，只取工艺分离面，而不取设计分离面。对于大型飞机，增加段件的分离面，结构重量增加得更多。很多大型客机，翼展为 40 ~ 50 m，一般整个机翼不取设计分离面，而在翼弦方向只取少数工艺分离面，采用长达 30 m 的大型机翼壁板。某机翼工艺划分成段件和板件，如图 1-16 所示。

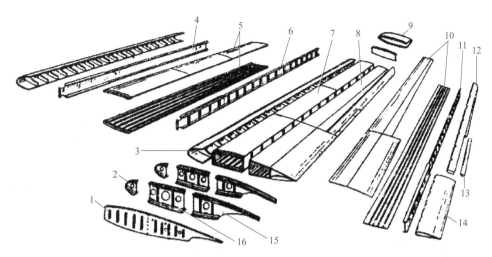

图 1-16 某机翼工艺划分成段件和板件

1—翼肋；2—翼肋前段；3—机翼前段；4—机翼前梁；5—机翼中段上、下板件；6—机翼后梁；
7—机翼中段；8—机翼后段；9—翼尖；10—机翼后段上、下板件；11—机翼后墙；12—副翼；
13—副翼调整片；14—襟翼；15—翼肋后段；16—翼肋中段

3．分离面的选取原则

选取分离面时应结合生产性质（试制、小批生产或大批生产）、生产周期、成本等因素进行综合技术经济分析。

（1）研制试制阶段。采用相对集中的装配方案，适当地选取工艺分离面，以满足生产准备周期和装配周期的要求，主要考虑以下原则：

1）对于较小的部件或分部件，装配单元的划分除考虑工艺通路外，还应使总装周期不超过大型部件的总装周期。

2）为了缩短大型部件或分部件总装的装配周期，应将装配单元尽量分出。壁板尽量划分出来，单独进行装配。

3）考虑型架的复杂程度。若分离后能使型架结构简化，且制造费用和周期合理，可进行工艺分离。

4）划分出来的装配单元应具有必要的工艺刚性，将特殊装配环境要求和特殊试验要求的装配单元尽量划分出来。

（2）批量生产阶段。采用分散的装配方案，分散程度取决于批量大小。工艺分离面的选取应考虑以下原则：

1）工艺分离面划分如有利于提高劳动生产率或保证产品质量，应尽量采用分散装配。

2）使部件总装架内的装配周期缩短到最低限度。

3）便于提高钻孔、制窝、连接的机械化程度，便于建立装配流水线。

4．飞机装配件

（1）飞机装配件的分类。装配件是由两个以上的零件装配成可拆或不可拆的飞机的组成部分。根据飞机结构特点和设计、工艺等方面的要求，装配件可分为组合件、部件。装配件的分类见表1-1。

表1-1 飞机装配件的分类

性质	分类	实例
按分解层次及功能分类	组件：由两个或两个以上零件组成的装配件	框、肋、壁板等
	分部件：构成部件的一部分，具有相对独立、完整及一定功能的装配件	机身的前段、中段、后段；机翼的中翼、中外翼、外翼、襟翼、副翼；尾翼中的水平安定面、垂直安定面、升降舵、方向舵等
	部件：具有独立的功能和完整的结构	机身、机翼、垂尾、平尾、起架舱，发动机等
按结构工艺特点分类	平面类组件：由平面腹板及加强件组成	平面框、肋、梁、地板、隔框
	壁板类组件：由蒙皮及骨架零件组成。根据蒙皮结构形状不同，又分为单曲度壁板和双曲度壁板	机身壁板、机翼壁板等
	立体类组件：除上述两类组件外，均属于立体类组件	翼面前缘、后缘、翼尖；各种门、盖；机头罩、尾罩、整流罩；内部成品支架等
	机身类部件或分部件	机身或机身各段；起落架舱、发动机舱
	翼面类部件或分部件	机翼或机翼各段；水平安定面、垂直安定面、襟翼、副翼、方向舵、升降舵

注：分部件有时也称部件或段件

（2）装配单元。飞机结构分离面选定后，所确定的各个装配件称为装配单元。装配单元的划分应考虑：

1）构造上的可能性与特殊要求；

2）有良好的开敞性与工作条件；

3）各装配单元应具有一定的刚度；

4）易于保证装配单元之间的相互协调；

5）减少部件总装工作量，以达到各装配阶段工作量的平衡，并简化型架结构。

1.2.2 飞机典型结构和连接方式

1.2.2.1 典型机身结构及连接形式

目前，民航飞机机身均为由横向隔框、纵向长桁或梁及其蒙皮组合而成的半硬壳式桁条结构，如图1-17所示。战斗机机身通常由隔框、加强隔框、桁梁和长桁组成的半硬壳式桁梁结构，如图1-18所示。横向隔框、纵向长桁或梁及其蒙皮通过连接剪力片、止裂板铆接为一个整体。通常机身结构都是采用简单、可靠性强、风险小而且经过了实践考验的传统结构形式和连接方式，采用损伤容限、耐久性设计准则，同时在细节设计上采取各种抗疲劳裂纹的设计措施，以提高结构抗开裂、腐蚀及意外损伤的能力，从而提高结构的耐久性。

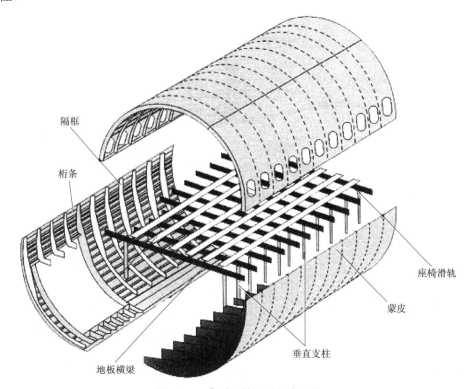

图 1-17　典型民航飞机机身结构

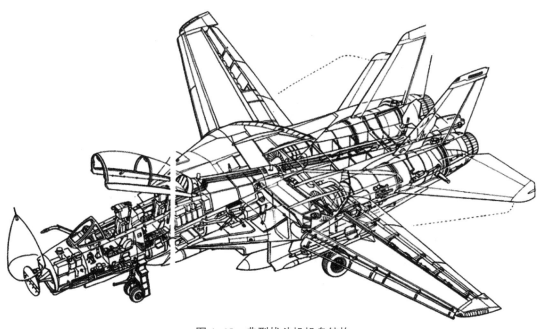

图 1-18　典型战斗机机身结构

目前，美国波音公司和欧洲空中客车公司的系列飞机机身均为半硬壳式结构，但是机身结构中框、长桁和蒙皮的组合结构形式又各不相同。这些结构形式都满足适航条例的要求，而且也都经过了大量试验验证和长期飞行实践的考验，证明是成功的设计，具有良好的抗疲劳开裂、抗腐蚀和抗意外损伤的结构品质。波音747飞机、DC-10飞机和A320飞机的机身框、长桁和蒙皮的典型对接形式，如图1-19所示。

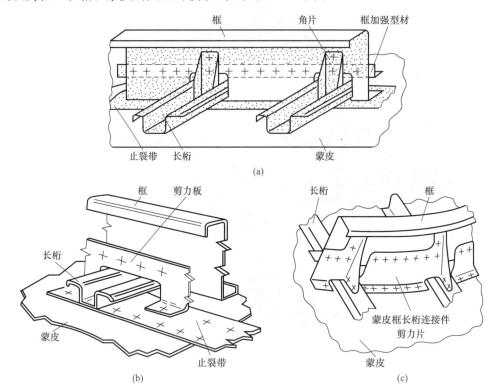

图1-19 典型民航飞机机身结构连接形式

（a）波音747机身连接形式；（b）DC-10机身结构连接形式；（c）A320机身结构连接形式

1.2.2.2 典型机翼结构及连接形式

机翼通常由翼梁、前墙、后墙、翼肋、蒙皮组成。机翼分离面对接形式大致分两类：一类是集中对接形式；另一类是分散对接形式。集中对接形式主要用于中单翼的梁式机翼，其对接形式同梁式机翼与机身对接形式相同。分散对接形式主要有梳状型材接头围框对接、多个单个接头围框对接、无对接型材接头直接对接等形式。

1. 梳状型材接头围框对接形式

机翼壁板通过多个受剪螺栓连接在梳状型材接头上，梁缘条也通过受剪螺栓连接在梁缘条接头上，梳状型材接头与梁缘条接头搭接，型材接头和梁缘条接头都开有受拉螺栓槽，通过受拉螺栓把两段机翼壁板和翼梁缘条连为一体，两段的梁腹板端设有加强立柱，通过螺栓将立柱和腹板连为一体，如图1-20所示。这种对接形式应用于上单翼、下单翼和贯通机身的中单翼飞机机翼各段对接，如运-7、运-8、水轰-5、伊尔-76、安-225和F-86等飞机的机翼都应用这种形式实现机翼各段对接。

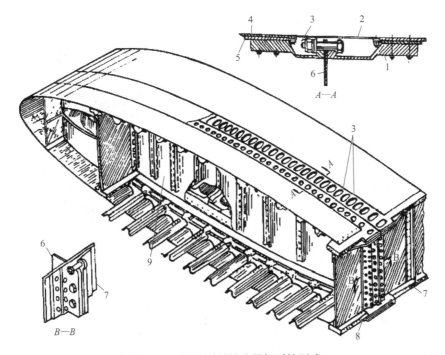

图 1-20　梳状型材接头围框对接形式

1—对接接头；2—可拆盖板；3—孔；4—蒙皮；5—垫片；
6—翼肋腹板；7—翼梁腹板；8—翼梁对接角材；9—加强翼肋

　　每段机翼的壁板蒙皮和长桁的上凸缘都连接在梳状型材接头的上凸缘板上，长桁的下凸缘连接在梳状型材接头的下舌上，这种形式称为双面连接形式。若梳状型材接头仅有上凸缘板，没有下舌，则蒙皮和长桁的上、下凸缘都连接在梳状型材接头的凸缘板上，此形式称为单面连接形式，运 -8 飞机就应用单面连接形式。

　　梳状型材接头围框对接形式的特点如下：

　　（1）通过对接螺栓受拉，梳状型材接头端部挤压传递拉力、压力。两段机翼的梁腹板以加强立柱和螺栓连接，通过螺栓传递剪力。扭矩引起的剪流通过蒙皮和梳状型材接头弦向加强立筋和梁腹板立柱上的连接螺栓受剪传递。

　　（2）左右两段机翼壁板的单元剖面形心尽可能处于同一条水平线上，并与梳状型材接头对接螺栓的轴线重合，避免对接螺栓受拉时产生偏心弯矩。

　　（3）两翼段的梳状型材接头的对接螺栓受拉，螺栓和连接区构件易出现疲劳问题。同时，对接螺栓的个数很多，结构重量大。

　　（4）梳状型材接头结构复杂，并且要求型材接头喷丸强化，机械加工和喷丸成型都比较困难，但装配比较方便。

　　2．多个单个头围框对接形式

　　分散多个单个接头与整个梳状型材接头对接不同。沿机翼对接剖面设置许多单个接头，单个接头与壁板的蒙皮和长桁通过受剪螺栓连接，两翼段的相应接头通过受拉螺栓对接，如图 1-21 所示。这种对接形式在 P2V-7、YS-11、DC-6 和 DC-7 等飞机上获得了应用。

多个单个头围框对接形式的特点如下：

（1）制造工艺性好，接头便于加工和装配，端面精加工容易，易保证装配协调。

（2）结构简单，但多个接头连接结构传递扭矩能力差，只有在两翼段的对接接头之间设置板状加强肋，才能对接螺栓受剪传递扭矩。

3．无对接型材接头直接对接形式

无对接型材接头直接对接形式多用于薄翼型机翼受荷载比较大的翼段，往往采用较厚的机加整体壁板，由于厚板毛坯比较厚，可在厚板对接区段端直接加工出对接螺栓槽，通过对接螺栓受拉将两翼段连成一体，如图 1-22 所示。若机翼

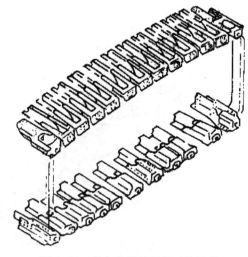

图 1-21　多个单接头围框对接形式

更薄，可直接在一段机翼壁板上沿弦向加工出楔形，通过受剪螺栓连接两段机翼。无对接型材接头直接对接主要有两种对接形式：一种是直接对接形式，对接螺栓受拉、壁板受挤压传递，压缩轴力由壁板端部挤压传递，扭矩剪流以对接螺栓剪切传递；另一种是直接对接形式，受拉伸和压缩及扭矩剪流，都以对接螺栓受剪形式传递（图 1-23、图 1-24）。

无对接型材接头直接对接形式的特点如下：

（1）制造精度要求不高，装配方便，专用设备机械加工也不困难。

（2）结构简单，传力直接，疲劳寿命长，但结构重量比较大。

（3）应用于可拆卸薄翼型的军民用飞机上，对军用机来说有比较好的经济性。

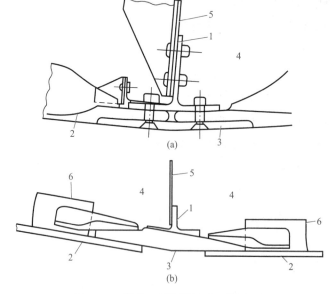

图 1-22　整体 T 形型材根部对接形式

（a）对接形式一；（b）对接形式二

1—T 形对接接头型材；2—蒙皮；3—带板；4—整体油箱；5—端肋；6—加强长桁

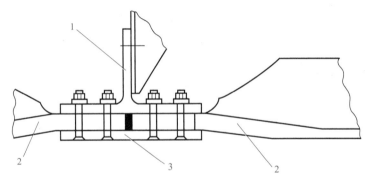

图 1-23 DC-10 飞机机翼根部对接形式

1—T 形对接接头型材；2—蒙皮；3—带板

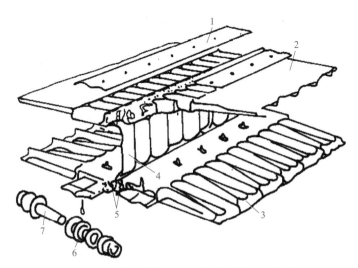

图 1-24 协和号超声速客机的外翼对接形式

1—翼肋缘条；2—机械加工的上蒙皮加强板；3—下蒙皮加强板；

4—12 号翼肋；5—密封连接；6—弹簧垫圈；7—螺栓

1.2.2.3 机身机翼连接形式

1. 上单翼布局

中央翼贯通中机身上部，在机身上应布置与机翼梁（双梁或三梁式）相对应的加强框连接。在这种布局中，机身加强框通常设计成模锻框或机加框，利用接头形式，直接与机翼下壁板缘条的加强件连接，机翼荷载直接通过连接螺栓传给机身框。这种集中式连接，螺栓受拉，如运-7 和运-8 飞机。根据损伤容限、耐久性设计要求，机身加强框与机翼梁的布置相对应，并要与机翼前、后梁的上、下壁板缘条和腹板直接相连，实现多路传力，减轻结构重量，如 C-141 和 C-5A 飞机。上单翼飞机机身与机翼的连接，如图 1-25 所示。

2. 下单翼布局

目前，多数民用机采用中央翼贯穿机身下部的下单翼布局，机身布置加强框与机翼的前、后梁相对应，像波音 747 飞机还有机翼中间梁。机身的加强框分别与机翼的前后梁

（还有中间梁）的上、下壁板缘条、腹板采用整体式连接，使中央翼部分与机身下部连接成一个整体，力的传递直接并有多路传力，增加了该区域的结构损伤容限能力，也减轻了结构重量。波音飞机和空中客车系列飞机都采用了这种下单翼的结构布局设计。机身与机翼梁连接的加强框中下部采用 7075-T73 材料锻件、加强型材和机加接头构造而成。下单翼飞机机身与机翼的连接，如图 1-26 所示。

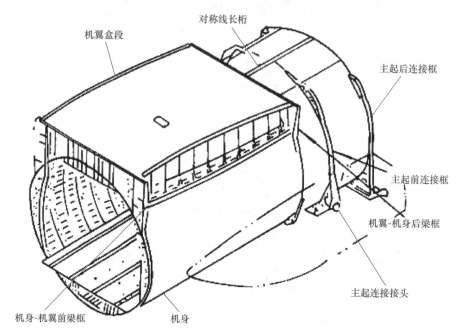

图 1-25　上单翼飞机机身与机翼对接形式

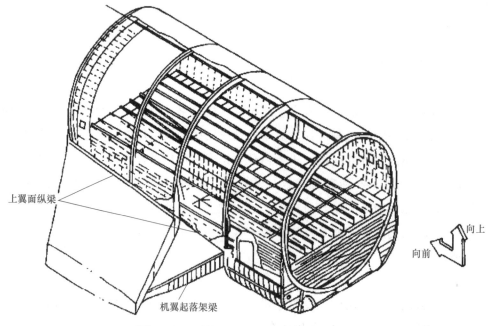

图 1-26　下单翼飞机机身与机翼对接形式

【任务实施】

图 1-27 所示为某飞机机翼内部结构图。该机翼由大翼、襟翼、副翼组成，其中，大翼由前梁、主梁、前墙、后墙、翼肋、长桁、蒙皮组成。机翼前缘有 25 个翼肋，前梁后面有 11 个翼肋，前梁与主梁之间有主起落架舱，1～13 前肋之间区域为机翼前整体油箱，主梁后面 1～6 后肋之间区域为机翼后整体油箱。襟翼安装在机翼后墙后部，对应 1～6 后肋区域；副翼装在机翼后墙后部，对应 6～11 后肋区域。此外机翼上还装有舵面操纵系统、液压助力器、挂梁接头、千斤顶座、放电刷、翼刀、有副翼操纵摇臂整流罩及扰流片等。对照图文资料和实物，完成下列任务（表 1-2）。

图 1-27　某飞机机翼内部结构

表 1-2　任务实施要点

【任务名称】飞机结构工艺划分
【任务实施基本要求】

工序	工作步骤	实施要点（列关键作业点）
飞机结构工艺的划分	飞机分离面	
	工艺分离面的选取原则	
	飞机装配件	
学习小结		

【巩固提高】

1. 飞机结构分离的主要目的是什么？

2. 结构分离的主要形式有哪些？

3. 典型机身结构分离后的主要部件有哪些？

4. 典型机翼结构分离后的主要部件有哪些？

5. 典型机身结构的连接方式有哪些？

6. 梳状型材接头围框对接形式的特点有哪些？

7. 多个单接头围框对接形式的特点有哪些？

8. 典型机翼的结构连接方式有哪些？

9. 上单翼飞机机身与机翼的对接形式有哪些？

10. 下单翼飞机机身与机翼的对接形式有哪些？

任务 1.3　飞机结构装配

【任务引入】

为方便批量生产和使用维护，要对飞机结构进行设计分离和工艺分离，将飞机结构分解为易于加工的零件，再通过合适的对接形式将分散的零件组装为板件、段件、部件。对于数量众多的飞机零件，按什么顺序进行装配？装配精度又如何保证？

【任务分析】

结构分离意味着结构组装，飞机装配的实质就是将分散加工的零件按照设计要求重新组装的过程。为保证装配精度、装配质量、生产效率等，在装配过程中就需要对零件进行准确定位，并遵循一定的装配工艺流程，满足装配准确度和互换性要求。本任务主要介绍飞机结构装配定位、飞机装配工艺、装配准确度、协调性要求等知识。

【知识学习】

1.3.1　飞机结构装配定位

飞机装配过程一般由零件先装配成比较简单的组合件和板件，然后逐渐地装配成比较复杂的段件和部件，最后将部件对接成整架飞机。装配过程中的首要问题是要按图纸及设计要求确定零件、组合件之间的相对位置。即选取合适的基准，正确定位零件、组合件是完成飞机装配的必要条件。

1.3.1.1　装配基准的选择

基准就是确定结构件之间相对位置的一些点、线、面。飞机装配一般有两类基准，一类是设计基准，另一类是装配基准。飞机设计需要建立一些基准，如飞机水平基准线、对称轴线、弦线、长桁轴线、框轴线等，统称为设计基准。设计基准主要是从整体角度去定位飞机关键尺寸或部件位置，是便于飞机设计布局而采用的一种基准，它并不存在于真实的飞机结构上，即设计基准一般不与飞机零件上的点、线、面重合，所以在生产中往往无法直接用于装配定位。因此，在飞机装配中除设计基准外，还需要一些装配基准共同完成装配定位。飞机结构装配中为保证部件外形的准确度，常使用以下两种装配基准。

1. 以骨架外形为基准

首先将骨架定位在型架上，然后将蒙皮装上，并对蒙皮施加压紧力，使蒙皮紧紧贴在骨架上，再将蒙皮与骨架进行铆接，其装配误差是由内向外积累的，故外形准确度差。以骨架为基准的装配方法一般多用于外形准确度要求较低的部件，或翼型高度较小，不便于采用结构件补偿的部件，如图 1-28 所示。

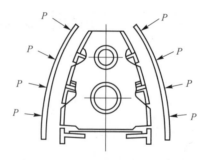

图 1-28　以骨架为基准的装配方法

2．以蒙皮为基准

（1）以蒙皮外形为基准。首先将蒙皮在型架（夹具）的外形卡板上定好位，再将骨架零件（或组件）贴靠到蒙皮上，并施加一定的压力使蒙皮紧贴于外形卡板，最后将两半骨架连接起来。这种方法的误差是由外向内积累的，最终靠骨架的连接而消除。这种方法利用补偿件能获得较高的外形准确度，一般适用外形准确度要求高的部件，且结构布置和连接通路都能满足要求，如图 1-29（a）所示。

（2）以蒙皮内形为基准。首先用压紧力将蒙皮压紧在型架（夹具）的内托板（以蒙皮内形为托板的外形）上，再将骨架零件（一般为补偿件）安装到蒙皮上，最后将骨架零件与骨架（或骨架零件）相连接，其装配误差是由外向内积累的，通过结构补偿件消除，如图 1-29（b）所示。

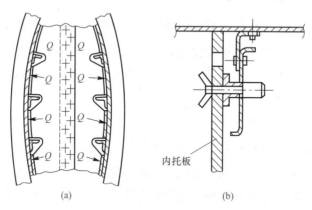

(a)　　　　　　　　　　(b)

图 1-29　以蒙皮为基准的装配方法

（a）以蒙皮外形为基准；（b）以蒙皮内形为基准

这种方法与上一种相比较而言，基本相似，只是其外形比前者多了一道误差（蒙皮厚度公差），国外广泛采用它来装配大型飞机的机身等部件。

1.3.1.2　装配定位方法

1．画线定位法

根据产品图样上的尺寸，用通用量具进行度量和画线确定零件的安放位置，在选定的基体零件上，按图样尺寸画出待装零件的定位基准线（位置线），如图 1-30 所示。一般使用铅笔画线。这种方法因画线的误差较大（1 mm 左右），而使其定位准确度较低。一般用于刚性较好的零件，且位置准确度要求不高的部位。

画线笔按技术文件要求选用，以免划伤和腐蚀零件；画线笔应削得细尖，以免线迹太粗，影响准确度；画线笔运动平面垂直于工作表面，尾部向前进方向倾斜，如图 1-31 所示。

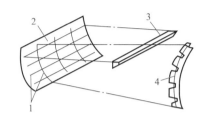

图 1-30　用画线定位长桁、框的示意
1—基准线；2—蒙皮；3—长桁；4—隔框

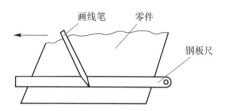

图 1-31　用画线笔画线

2．接触晒相法

在选定的基体零件上涂以感光材料，按明胶模线图板 1∶1 地晒出安装在其上的其他零件的形状和位置线，这些零件各按其本身的位置线定位。这种方法省略了画线工序和工装定位，且比画线定位准确度高。常用于低速飞机的肋、隔框等装配和与外形无关的零件定位，如图 1-32 所示。

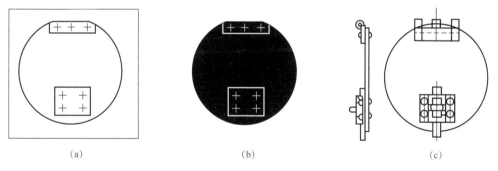

图 1-32　用接触晒相法定位铰链和锁扣的示意
（a）明胶板；（b）显影后的口盖蒙皮；（c）装配好的口盖组件

3．装配孔定位法

装配孔用于零件与零件之间的装配定位，也用于装配件与装配件之间的装配定位。装配时用预先在零件上制出的孔来确定位置（一般是每隔 400 mm 左右钻一个装配孔，孔径比铆钉孔径小），各零件之间的相对位置按这些装配孔设置。装配孔的数量取决于零件的尺寸和刚度，一般不少于两个。在尺寸大、刚性弱的零件上取的装配孔数量应适当增加。这种定位方法在铆接装配中应用比较广泛。它适用平面型和单曲面壁板型组合件装配。装配孔定位的特点是定位迅速、方便，减少或简化装配型架，开敞性好，比画线定位准确度高。装配孔定位法，如图 1-33 所示。

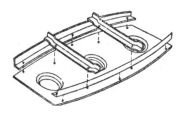

图 1-33 装配孔定位法装配定位

4．装配型架（夹具）定位法

装配型架（夹具）定位是通过定位件来操作的，如图 1-34 所示。定位件是装配型架（夹具）的主要元件，形式多种多样，以适合各种不同形式的零件或组件的需要。

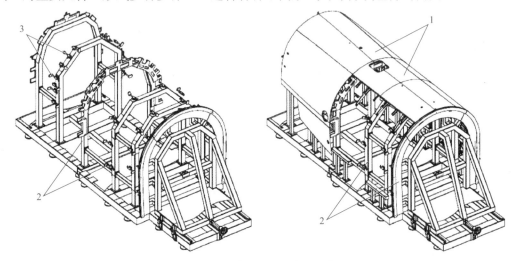

图 1-34　用装配型架（夹具）定位
1—飞机蒙皮；2—型架；3—定位件

常见的几种定位形式如下：

（1）以外形卡板定位蒙皮外形或骨架外形。外形卡板的内表面通常与蒙皮的外表面一致，用外形卡板定位产品的一般流程为：首先定位骨架，在卡板内表面与骨架外表面之间垫上与蒙皮厚度相同的垫片，然后调整骨架，使骨架、垫片和卡板三者紧贴一起，固定骨架；然后打开卡板，取下垫片，放上蒙皮，调整蒙皮至正确位置，合上卡板固定蒙皮，完成蒙皮定位，如图 1-35 所示。

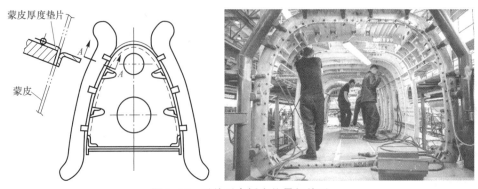

图 1-35　以外形卡板定位骨架外形

（2）以内托板定位蒙皮内形。

（3）以包络板定位蒙皮外形，如图1-36所示。

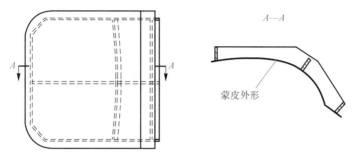

图 1-36　以包络板定位蒙皮外形

（4）以叉耳接头定位件定位，如图1-37所示。

（5）以定位孔定位。在夹具上给出定位器，同时在零件上通过样板钻出定位孔，通过所钻出的孔来确定零件在夹具上的位置，如图1-38所示。

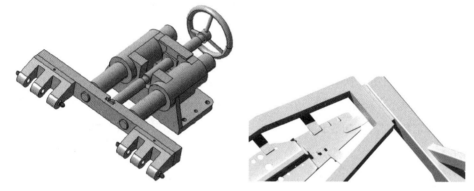

图 1-37　以叉耳接头定位件定位　　　　　图 1-38　以定位孔定位

（6）以定位板定位。常见的如在卡板上伸出定位板定位隔框或翼肋的轴线位置，或者在卡板或托板上安装挡板来确定长桁或角材等的位置等，如图1-39所示。

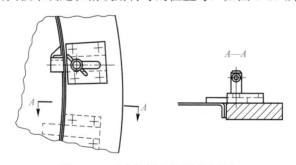

图 1-39　以定位板定位翼肋及长桁

装配型架（夹具）是保证飞机气动力外形和零、组件在相对位置准确所不可缺少的装备，它除起定位作用外，还有控制零件形状和减少铆接变形的作用。因此，采用型架（夹具）装配方法，零、组件位置的准确度取决于型架（夹具）本身的准确度。装配型架（夹具）实际上是一种综合手段，包括定位、夹紧等，比画线等单一的装配定位方法准确度更高。

5．标准工艺件定位法

标准工艺件定位法是按产品零件或组件的主要尺寸 1：1 地制造一个标准工艺件（甚至在工艺件上可以制出一些缺口或安装上一些定位件），用这些标准工艺件来代替零件或组件以确定其他构件的位置，待其他构件连接之后再卸下这些工艺件换上相应的零件或组件，完成装配。如采用几个中段肋的工艺件，在前梁或后梁定好位之后再来确定后梁或前梁的位置。如某型号飞机的货舱门，各梁的位置是靠工艺蒙皮上的定位角材来确定的，骨架装好之后再装上外蒙皮，在夹具内进行钻孔、铆接，如图 1-40 所示。

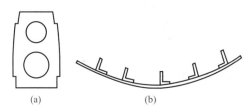

(a)　　　　　(b)

图 1-40　工艺肋及工艺蒙皮

（a）工艺肋；（b）带有梁定位器的工艺蒙皮

6．工件定位法

按基准零件或定位先安装的零件后再安装其他零件，如按长桁上已铆接好的角片来确定各框的纵向位置或按各框长桁缺口的弯边来确定长桁的位置。在飞机铆接装配中，此法常作为辅助的定位方法，如图 1-41 所示。

1.3.1.3　装配定位后的固定

固定为对于铆接装配的零组件，在选用合适的定位方法定好位后，应在铆缝上隔一定数量的铆钉或隔一定距离，用铆钉或穿心夹等进行连接。目的在于使用于装配的零组件在铆接装配过程中始终符合定位要求，防止互相串位及因串位可能引起的变形。

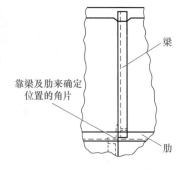

靠梁及肋来确定
位置的角片

梁

肋

图 1-41　工件定位法

对于为提高疲劳强度或要进行缝内涂密封胶铆接而要进行二次装配的部件来说，其在预装配中更应注意做好固定，以保证钻孔、分解、除毛刺和涂胶后，能顺利地进行正式装配。

固定的形式如下：

（1）固定铆钉。一种是在铆缝上打与图样一致的铆钉；另一种是在铆缝上打比图样小一号的铆钉，待铆接件铆接结束后分解掉固定钉，再打与图样一致的铆钉，如图 1-42 所示。

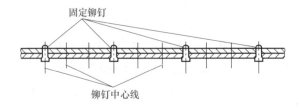

固定铆钉

铆钉中心线

图 1-42　在铆缝上打固定铆钉固定

（2）固定螺栓。固定螺栓也叫作工艺螺栓，一般用在铆接件铆缝部件的层数多且比较厚时，如图1-43所示。

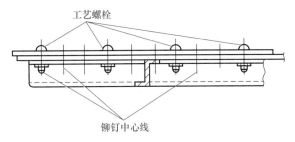

图1-43 在铆缝上用固定螺栓固定

（3）穿心夹（弹簧式定位销）固定。穿心夹（弹簧式定位销）固定一般用于刚性小的超薄壁结构、总厚度在2 mm以内的连接件上，如图1-44所示。

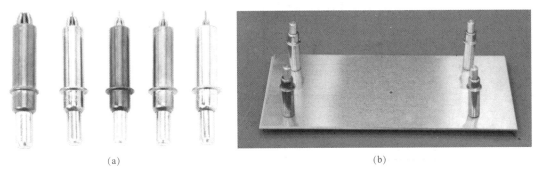

（a）   （b）

图1-44 在铆缝上用穿心夹（弹簧式定位销）固定铆接件

（a）穿心夹（弹簧式定位销）；（b）穿心夹（弹簧式定位销）固定铆接件

1.3.2 飞机装配工艺简介

1.3.2.1 飞机装配

飞机装配是将大量的飞机零件、标准件和成品按设计图或全三维模型、技术条件在专用的工艺装备上，以一定的组合和顺序逐步装配成组合件、板件、段件和部件，最后将各部件进行机体结构铆接装配、系统安装、调试和试飞的过程。飞机结构复杂，零件及连接件数量多，且大多数零件在自身重量下刚度较小，而组合成的外形又有严格的技术要求。通常按零件—组合件—板件—段件—部件－机体的顺序装配组装。

（1）零件：不需要做装配的基本单位。

（2）组合件：由零件组装成的简单结构，如翼肋、梁、框等。

（3）板件：部件或段件可分离为板件。板件由部件或段件的一部分蒙皮及内部纵向、横向骨架元件（如长桁、翼肋或隔框的一部分）所组成，有时还包括安装在其上的导管、电缆及设备。如机翼中段的上下板件（壁板）、机身的上下左右板件。

（4）段件：部件结构通过纵向或横向可分成几个大段，即段件。如机翼可沿翼弦方向分为机翼前缘段、后缘段；机身可沿机身纵向分成前、后机身。

（5）部件：结构上和工艺上完整的装配单元。如机翼、尾翼、机身、发动机短舱、起落装置、动力装置等大结构。

按工艺组织划分的装配过程一般由部件装配、总装装配和试飞三个阶段组成。飞机装配过程可以简单地理解为将小的零部件组合装配为一架结构完整的飞机。某飞机机翼装配方法，如图1-45所示。

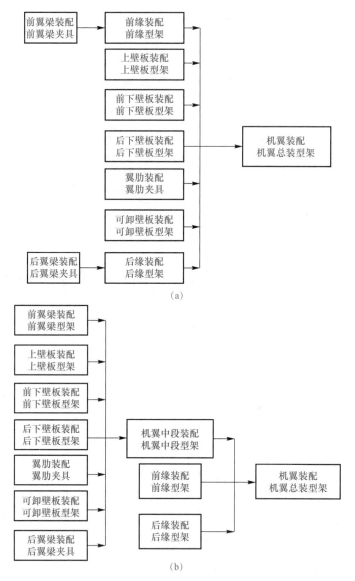

图1-45　某飞机机翼装配方法
（a）方法一；（b）方法二

1.3.2.2　飞机装配的特点

由于飞机零件数量多、形状复杂、刚度低、相互关系复杂、准确度要求高，受其结构特点和结构刚性等因素影响，在飞机装配过程中须大量采用铆接和螺接等连接方式，同时，在飞机装配过程中，需要以外加辅助约束提供支撑，维持准确的形状，保证准确的相互位置，达到装配准确度的要求，特别是在完成飞机产品从组件到部件装配或总装过程中需要使用大量专用工装，用于支撑、定位、夹紧零部件，以保持产品的空间位置、控制产品的几何参数、为操作人员提供良好的工作条件。飞机装配中采用了大量结构复杂、准确度高的装配型架等，如图 1-46 所示。

图 1-46　波音 777 高精度装配型架

飞机装配与一般机械产品的装配相比，具有非常显著的特点。

1. 产品的几何定义与协调方法

由于飞机零件形状复杂，难以在二维图样上用尺寸绘制出零件的尺寸和形状，长期以来一直用模线样板的方式进行飞机产品的几何定义。随着计算机技术的发展，20 世纪 70 年代产生了计算机辅助设计与制造技术，飞机的几何尺寸与形状定义采用了 B 样条等函数构建的三维线架结构，使模线由人工绘制变为绘图机自动绘制。复杂的机械加工可以利用零件的数模进行编程，实现数控加工。20 世纪 90 年代，以波音、空客为代表的三维数字化设计制造技术的应用，彻底改变了飞机设计制造模式，如图 1-47 所示。

图 1-47　民航客机总装对接数字化虚拟仿真模型

2. 装配工艺装备的特点与作用

飞机不同于一般机械产品，在其装配过程中，不能仅仅依靠零件自身形状与尺寸的加工精度来保证装配出合格的组件和部件。因此，除采用各种通用机床、常用工具和试验设备外，还需针对不同机型的组件及部件，制定专门的装配工艺装备（简称装备工装），如装配型架、对合型架、精加工型架、壁板装配夹具等。这些专用的生产装备用于完成飞机产品从零组件到部件的装配及总装配过程，一般尺寸较大的称为装配型架，而尺寸较小的称为装配夹具，两者不存在严格、明确的界限。

装配工艺装备的主要功用如下：

（1）定位夹紧，保证产品的尺寸、形状和零件间相对位置的准确性。

（2）确保产品满足准确度和协调互换的要求。在一般机械制造中，保证产品的互换性主要是通过公差、配合制度和通用量具来实现，而飞机制造中是通过相互协调的装配工艺装备来实现。

（3）保持尺寸形状稳定性。飞机结构中存在大量钣金件，其尺寸大而刚性小，所以无论是铆接还是焊接，在连接时都会产生不同程度的变形，而装配能够确保钣金件及其组合件的形状，控制装配过程中的变形。

（4）改善装配过程的劳动条件，提高劳动生产率，降低成本。

在批量生产中，一个部件的装配往往需要用一套具有多种功能的工艺装备完成全部的装配工作，如骨架装配夹具、总装型架、架外补铆型架等。在这种情况下，每个工艺装备必须与装配过程前后相关的工艺装备相互协调，同时还需要与相关的零件工艺装备协调。

3. 装配连接方式

飞机的机体结构由上万个零件组成，连接方式以铆接为主。铆接的优点是连接强度稳定可靠，易于检查和排除故障，能适应较复杂的结构和不同材料之间的连接且操作技术简便易行。但是铆接也存在自身的缺点，主要表现：铆缝应力分布不均匀；手工劳动量大，生产效率低；铆接质量受人为因素影响较大，不易控制。

为了解决人工钻铆所出现的问题，能够完成定孔位、制孔、送钉、施铆全过程的自动钻铆设备开始出现。随着数控技术的发展，自动钻铆技术日益成熟，出现了不同结构形式的自动制孔设备和与其配套的自动调平托架。自动钻铆设备本身比较庞大。与人工铆接相比其灵活性较差，因此适合铆接工作面开敞的部组件，常用于大型飞机铆接装配。对于空间狭小且铆接部位形状复杂的装配件而言，其应用受到了一定的限制。为此，目前又出现了各种类型的自动制孔设备，如机器人自动制孔设备、五坐标自动制孔设备等，如图1-48所示。

图1-48 机翼壁板自动制孔设备

■ 1.3.3 飞机装配准确度要求

飞机装配完成后应达到对其规定的各项性能指标，其中包括飞机的空气动力性能（飞机零件的尺寸、刚度）、操纵性能、飞机结构的强度和耐久性能等各项指标。飞机装配的准确度除对飞机的各种性能有直接的影响外，还会影响产品的互换性能。为保证飞机产品的质量，对飞机装配的准确度提出以下几个主要方面的要求。

1．飞机气动力外缘的准确度

飞机气动力外缘的准确度包括飞机外缘型值、外缘波纹度和表面平滑度要求。

（1）气动外缘型值。气动外缘型值是飞机部件截面理论外形上诸点的坐标值。飞机部件气动外缘偏差检查是指对飞机接触气流的表面制造质量检查，又称飞机表面质量检查，检查工作一般是在部件装配工作完成后或部件架内总装工作完成后进行。国内民用飞机制造过程中的气动外缘型值公差控制按《民用飞机气动外缘公差》（HB 7086—94）的要求执行，如图 1-49 所示。

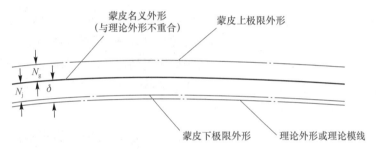

图 1-49　气动外缘型值极限偏差测量要求

δ—蒙皮厚度；N_g—外缘上偏差；N_j—外缘下偏差

（2）飞机外缘波纹度。理想情况下装配出来的飞机外形应与设计图中的理论外形一致，是光滑平顺的。而在实际生产过程中，蒙皮受钻孔、铆接冲击以及卡板、拉紧带等挤压作用，实际生产出来的飞机蒙皮外形是波浪起伏的，通常用飞机外形波纹度来表示这种起伏程度。飞机外形波纹度对飞机的空气动力性能有重要影响，在飞机设计中有专门规定外形波纹度要求，部件沿横向和纵向均有波纹度要求，如图 1-50 所示。波纹度计算方法是两相邻波峰与波谷的平均高度差 b 和波长 L 的比值，即 $\Delta\lambda = \dfrac{b}{L}$。

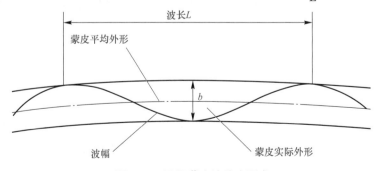

图 1-50　飞机蒙皮波纹度要求

（3）表面平滑度。飞机外形表面的局部凸起和凹陷对飞机的空气动力性能也有影响，因此，对飞机外形表面上的铆钉头、螺钉头、蒙皮对缝的阶差等局部凸凹不平度均有一定要求。垂直于气流方向的蒙皮对缝处的阶差，尤其是逆气流方向凸起的阶差，比顺气流方向的阶差要求更严。

2．部件相对位置准确度

为保证飞机的飞行性能，对机翼、尾翼、操纵面等部件之间的相对位置准确度的技术要求如下。

（1）机身各段的同轴度要求。

（2）机翼和尾翼相对于机身的安装角上反角（下反角）和后掠角的准确度要求。允许的误差一般是将角度尺寸换算成线性尺寸，通过飞机的水平测量进行检查。

（3）对于飞机的各操纵面，包括副翼、升降舵和方向舵等，为了保证操纵灵活，除对多支点转轴的直线度提出准确度要求外，还规定了固定翼面和舵面外形之间需保证一定的间隙和外形阶差要求。

（4）各部件之间对接的准确度取决于各部件对接接头之间和对接接头与外形之间的协调准确度。为了保证各部件的互换性，以及避免出现部件对接时因接头之间尺寸不协调，采用强迫连接的方式导致结构装配中产生残余应力的情况，因而对各部件对接接头的配合尺寸和对接螺栓孔的协调准确度提出了比较严格的要求。

3．内部构件的位置准确度

部件内部各零件和组合件的位置准确度是框、肋、梁轴线的实际位置与理论位置的偏差，即基准轴线的要求，一般容易保证。如大梁轴线位置允差和不平度允差一般为 $\pm 0.5 \sim \pm 1.0$ mm；翼肋和隔框轴线位置允差一般为 $\pm 1.0 \sim \pm 2.0$ mm；长桁轴线位置允差一般为 ± 2.0 mm。

4．制造准确度

飞机零件、组合件或部件的制造准确度是指它们的实际形状和尺寸与飞机图纸上所标注的公称尺寸相符合的程度，符合程度越高，则制造准确度越高，即制造误差越小。

在飞机制造中，通过控制零部件的制造准确度保证协调准确度，零部件的制造准确度越高，装配时的协调准确度越高。无论是采用一般机械制造中的公差配合制度，还是采用模线样板方法作为飞机制造中保证互换性的方法，产品互换性的基础是保证制造准确度与协调准确度。

1.3.4 互换性和协调性要求

1．互换性与协调性

（1）互换性。互换性指飞机结构元件在单独制造时，其几何、物理等参数控制在规定的公差范围内。在装配和安装过程中，结构元件无须选配和补加工，并在装配和安装后，能满足结构设计所规定的技术要求。

具有互换性的零件和装配件对装配工作是十分有利的，在装配过程中，不需要对进入装配的零件和装配件进行试装和修配，能减少手工修配工作量，缩短装配周期，便于组织均衡的有节奏地生产。实际上，在飞机成批生产中，许多钣金零件、机械加工件、装配件都是可以互换的，即在装配时不需要修配和补充加工。

（2）协调性。协调性指飞机结构元件或工艺装备与另一个结构元件或工艺装备，在其配合部位尺寸、形状所取得的有条件的一致性，即生产出来的结构单元能相互配合、组成一体。

（3）互换性与协调性的关系。互换性指同一种结构元件之间的尺寸、形状的一致性，以制造精度体现。协调性指两种或两种以上相邻结构元件配合部位的尺寸、形状的一致性，以协调准确度。

协调性是保证互换性的必要条件。只有在解决了结构元件之间协调性的基础上，才有条件全面、深入地解决互换性问题。达到协调的结构元件，并非都具有互换性，而达到互换性的结构元件，则必然具有协调性。在飞机制造中通常把这两个不同概念的术语合称为互换协调。

2. 协调准确度

协调准确度是指两个相配合的零件、组合件或部件之间配合部分的实际形状和尺寸相符合程度，这种相符合程度越高，则协调准确度越高，即协调误差越小。

在飞机制造中，首要的工作是保证协调准确度，为保证零件、组合件和部件之间的协调准确度，通过模线、样板和立体标准工艺装备（如标准量规和标准样件等）建立起相互联系的制造路线。在零件制造和装配中，零件和装配件最后形状和尺寸的形成过程是从飞机图纸通过模线、样板和标准工艺装备制造出模具、装配夹具然后制造零件和进行装配等一系列形状和尺寸传递过程。

在飞机装配中，对协调准确度的要求包括以下两个方面：

（1）工件与工件之间的协调准确度。如果工件与工件之间配合表面的协调误差大，在配合表面之间必然存在间隙或过盈，或螺栓孔的轴线不重合，在连接时形成强迫连接，使连接后在结构中产生残余应力，影响结构强度。因此，对工件与工件之间配合表面的形状和尺寸应有一定的协调准确度要求。

（2）工件与装配夹具之间的协调准确度。为保证飞机装配的准确度，重要的组合件、板件、段件和部件一般是在装配夹具中进行装配。进入装配的各零件和组合件在装配夹具中是以定位件的定位面（或孔）定位的。如果工件和定位件的定位面（或孔）的协调误差大，在装配时通过定位夹紧件的夹紧力使工件与定位件的定位面贴合，在工件内同样要产生内应力。当装配完并松开夹紧件后，结构中的内应力重新分布而形成残余应力。为控制和减少结构中的残余应力和结构变形，需要对工件和装配夹具之间的协调准确度提出一定的要求。

要达到工件与工件以及工件与装配夹具之间的协调准确度，首先要保证有关工艺装备之间的协调准确度。

【任务实施】

图 1-51 所示为某飞机机身框的型架装配施工，机身框通过内形卡板固定（内形卡板可以保证装配件的外形，具体会在项目 2 深入学习），内形卡板固定在型架骨架上并通过专用仪器进行准确定位，具有较高的位置精度。另外，型架骨架大多由型材加工而成，刚度非常大，很难变形。通过型架装配，可以很好地保证装配件的外形精度和互换性。结合前面的理论知识，仔细观察图示型架装配实例，完成表 1-3。

图 1-51　某飞机机身框装配

表 1-3　任务实施要点

【任务名称】飞机结构装配定位
【任务实施基本要求】

工序	工作步骤	实施要点（列关键作业点）
飞机结构装配定位	装配基准的选择	
	装配定位方法	
	装配定位后的固定	
学习小结		

【巩固提高】

1. 列举常见的飞机结构装配定位方法。

2. 为什么以蒙皮为基准的装配定位方法外形精度最高？

3. 列举典型飞机机翼结构组成，并分析机翼的装配流程。

4. 飞机装配的准确度要求包括哪些？

5. 飞机装配为什么强调互换性和协调性？

知识拓展

拓展 1：现代飞机装配技术

由于现代飞机设计与工艺采用的是并行设计工作方式，同时采用整体化、模块化的设计理念、全三维的设计方法及仿真技术，整体上优化了结构工艺性和装配工艺方案。这些变化带来了装配工艺方法、生产管理等一系列的变化。现代飞机装配技术是融合数字化装配和测量技术、信息化管理技术及自动化设备为一体的可实现精准高效的装配技术，现代飞机装配技术具有以下特征。

1. 装配工艺简单化、设备化

采用数字化的装配协调技术，大量应用装配孔定位装配方法，简化了工装形式。为适应不同型号的飞机装配，采用以数控程序驱动定位夹紧单元可自动调整系列部件装配的柔性工装，控制系统与激光跟踪仪等测量系统集成可实现调整的闭环控制，故此类柔性工装系统也是一台数控设备，如图 1-52 所示。

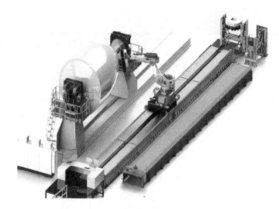

图 1-52　飞机装配柔性工装系统

2. 钻铆自动化

在生产线上针对不同结构特征的部组件采用不同形式的自动钻铆设备（图 1-53）和自动制孔设备。

（a）

（b）

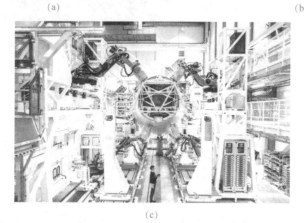

（c）

图 1-53　自动钻铆设备
（a）设备 1；（b）设备 2；（c）设备 3

3. 装配过程检测数字化

针对不同组合件及部件的结构特征和测量需求，采用激光跟踪仪、iGPS、照相测量等测量系统在装配过程中对工装和装配件进行数字化测量，保证组合件及部件的装配准确度，如图 1-54 所示。

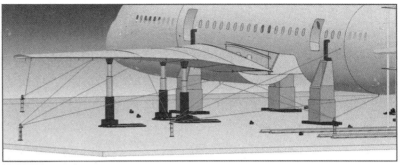

图 1-54　激光辅助飞机装配

4．辅助装置自动化

辅助装置自动化是指应用自动导引运输车（Automated Guided Vehicle，AGV）（图 1-55）、自动升降台、可控翻转吊具等辅助装置的自动化。

5．管理信息化

装配生产线由一个完善的装配信息化管理系统作为生产现场管理的支撑平台，将产品的设计数据、装配仿真数据、自动钻铆程序、柔性工装调整程序、装配工艺信息、生产管理信息、动态资源信息、零部件质量信息等信息进行统一管理。操作者可以在生产现场随时查看所需信息，调用所需加工程序。装配信息化管理系统，如图 1-56 所示。

图 1-55　自动导引运输车

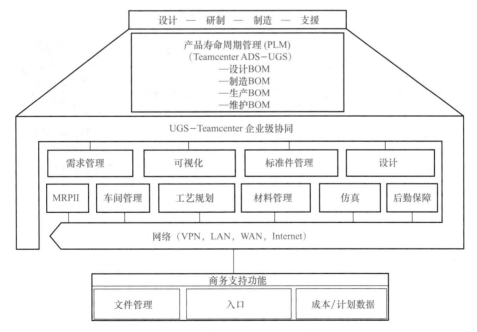

图 1-56　装配信息化管理系统

6．柔性生产线

　　飞机装配技术从最初的传统装配方法，发展到模块化装配、自动化装配站，最终形成在装配过程中各工位按相同节拍移动、标准化操作的移动生产线。移动生产线可提高飞机装配生产效率，减少库存，降低飞机装配成本，提高飞机产品质量，适合大批量生产。移动生产线需要有严格、高效率的生产管理体系支撑，以保证物料的准时配送和现场问题的及时处理，如图 1-57 所示。

图 1-57　Pure Power 系列发动机总装脉动生产线

拓展 2：先进飞机装配技术视频资料

【教学视频】	【虚拟仿真】	【教学视频】	【教学视频】
飞机柔性制造装配系统工作演示（视频）	飞机机身部件虚拟装配演示（视频）	自动钻铆机工作过程演示（视频）	飞机装配智能移动运输平台工作演示（视频）

飞机装配型架

【项目简介】

项目 1 已经学习了飞机结构组成、飞机结构特征、飞机装配工艺等基础知识。读者已基本理解飞机装配的过程。飞机装配可以简单地理解为是按照一定方法和工序对飞机零部件定位和连接的过程，但由于飞机具有零件众多、尺寸较大、刚度较小、外形复杂、定位困难、装配易变形等特点，所以，飞机装配过程中需要应用到大量辅助工装。本项目主要带领读者学习飞机装配中应用最多的一类工装——飞机装配型架。本项目学习，旨在使读者建立起飞机装配型架的知识框架，掌握什么是飞机装配型架，飞机装配型架的组成，常用飞机装配型架等知识。

【学习目标】

1．知识目标

（1）理解飞机装配型架的作用和功能。

（2）掌握飞机装配型架的组成。

（3）掌握飞机装配型架各组成部分的作用和功能。

（4）熟悉典型飞机装配型架。

（5）了解飞机装配型架的新工艺和新技术。

2．能力目标

能够理解飞机装配型架的功用、组成和特点；能够了解飞机装配型架各组成部分的作用和功能；能够熟悉典型飞机装配型架；具备识读飞机型架装配的工艺文件的知识储备；具备查阅、研读现代飞机装配型架相关的技术文献的能力。

3．素质目标

掌握一定的学习方法，培养良好的职业道德和职业素养，磨砺精益求精的工匠精神，养成质量意识、环保意识、安全意识、创新意识，形成较强的集体意识和团队合作精神，能够理解企业战略并适应企业文化。

任务 2.1　认识型架

【任务引入】

飞机装配不仅外形复杂，而且零件、组件数量极多（达百万件以上），内部空间紧凑，各种系统众多，协调关系难以控制，质量要求严格，因而出现了装配和安装周期长等问题，这些问题长期以来一直困扰着飞机制造业。所以，飞机装配技术是一项技术难度大、涉及学科领域广的综合性高技术。型架的出现很好地解决了飞机装配过程中的零件协调和定位问题，可以说，飞机装配离不开各式各样、种类繁多的型架。结合前面学习的知识，思考一下，飞机装配型架应该具备哪些功能？需要哪些功能组件才能实现上述功能？飞机装配型架应满足哪些基本要求？

【任务分析】

型架作为一种工程装置，它的作用就是解决具体的工程技术难题，具体到飞机制造领域——解决飞机装配中协调和定位难题。可以按照以下思维逻辑去学习本任务，首先了解需要型架解决哪些工程技术问题，要解决这些问题的型架需要具备哪些功能，实现上述功能至少需要哪些部件，飞机型架应满足哪些基本条件······

【知识学习】

2.1.1　型架的定义

飞机零件数量多、形状复杂、刚度低、相互关系复杂、准确度要求高，在飞机装配过程中，需要以外加辅助约束提供支撑、维持准确形状，保证准确的相互位置，以达到装配准确度要求，特别是在完成飞机产品从组件到部件装配或总装过程中需要使用大量专用工装，用于支撑、定位、夹紧零部件，以保持产品的空间位置、控制产品的几何参数，为操作人员提供良好的工作条件。用于飞机装配的工艺装备多种多样，根据用途大致可分为型架、夹具、量规、钻模、样板、检测工装和精加工类工艺装备等。其中，型架又细分为装配型架、对合型架、精加工型架、检验型架等。上述型架中，装配型架在飞机装配过程中最为主要，同时也是数量最多的工艺装备，习惯上将外廓尺寸较大的称为装配型架，外廓尺寸较小的称为装配夹具。装配型架和装配夹具没有严格定义上的区别。装配型架具有独立的定位系统，而不依靠另一工装或产品来完成本工艺阶段的定位装配，主要用于飞机部件、组件、段件等装配单元在装配过程中对其进行定位夹紧，在飞机生产现场可见到各式各样的装配型架，如图 2-1 所示。装配型架各式各样，按加工工艺细分，装配型架可分为铆接装配型架、胶接装配型架、焊接装配型架等；按装配对象细分，装配型架可分为组合件装配型架（夹具）、板件装配型架、段件装配型架、部件总装型架等类型。

图 2-1 飞机装配现场的装配型架

■ 2.1.2 型架的作用

1. 保证产品的质量

通过型架对飞机产品的主要零、组件进行支撑、定位、压紧，保证各产品零、组件处于正确位置，并限制它们在连接装配过程中的变形，使装配后装配件的几何形状和尺寸在规定的公差范围之内，以满足产品的制造精度。

2. 保证产品的准确度和互换性

装配型架定位精度高于产品，通过相互协调的一整套型架装配飞机，不仅符合产品图纸和技术要求，还可以保证产品的准确度和互换性。

3. 提高工作效率

采用型架便于操作人员实施铆接、螺接等装配连接，改善劳动条件，提高工作效率及劳动生产率。

■ 2.1.3 型架的总体布局和基本要求

2.1.3.1 型架总体布局

型架的总体布局、结构形式、装配工艺与装配对象密切相关，完整的型架总体布局至少包括型架设计基准，装配对象在型架中的放置状态，工件的定位基准，主要定位件的形式和布置方式、尺寸公差，工件的出架方式，型架的安装方法，型架的结构形式，骨架刚度的验算，型架支撑与地基估算，温度对型架准确度的影响等。下面介绍型架总体布局的几个主要部分。

1. 型架设计基准

成套装配型架和成套标准工艺装备一般以飞机部件的设计基准作为的设计基准，具有以下特点：

（1）相邻部件的装配型架，或者同一部件中不同组合件的装配型架选择同一设计基准轴线。避免误差累积，便于测量检验。如中翼－外翼－副翼－襟翼装配型架一般用弦平面、前梁轴线、前缘线、后梁轴线；机身壁板－加强框－总装配型架一般选用飞机轴线、对称轴线。

（2）型架设计基准应便于制造、装配和检验。

（3）型架设计基准应与安装方法相适应。

2．装配对象在型架中的放置状态

工件在型架中的放置状态应使工人在最有利的工作姿态下进行工作。在飞机装配中，工人的大部分操作是在站立姿态下完成，工作高度为 $1.1 \sim 1.4$ m。另外，还应考虑尽可能节省面积，通常按下列特征选择工件的放置状态：

（1）大型框类、圆形结构（机身隔框、机头罩）一般采用转动式型架；

（2）大型板件一般采用立放式型架；

（3）机身零件在型架上一般与飞机飞行状态保持一致；

（4）翼面类零件一般在型架上垂直放置。

3．工件的定位基准

定位基准是指用来确定零件或装配件在型架内位置的所选择定位表面。刚体零件具有空间的 6 个自由度，确定其 6 个自由度即可确定其空间位置。而飞机机体结构一般是非刚性的，所以不能简单地应用刚体零件的"六点定位原则"，而是要有适当的超定位。因此，飞机装配和型架装配中经常采用超定位，即"N-2-1"定位原理。

4．工件的出架方式

工件在型架内装配完以后的出架方式是型架结构总体布置中的重要问题之一，对型架结构影响较大，合适的工件的出架方式，可以简化型架结构，出架安全，不致损伤工件，还可节省厂房面积，简化搬运设备。

大尺寸部件一般有 3 种出架方式：

（1）型架上方出架。一般利用厂房起重机从型架上方出架，这要求厂房高度容许产品提升到型架高度之上。

（2）纵向出架。要求一端的两立柱之间有较大的空间，型架内有吊挂导轨，这种方法要求型架的出架一端外面留有较大的余额。

（3）侧向出架。质量较小的产品，可用型架内专用起重机吊出，较重的产品可用架车从侧向出架。

2.1.3.2　型架的基本要求

飞机零件大多形状复杂、刚度小、精度要求高，需借助装配型架的成套性和协调性以保证产品的准确度和互换性，同时采用型架装配改善劳动条件、提高装配工作生产率、降低成本。对于普通机械产品的装配定位，只需要限制工件在空间的 6 个自由度即可。飞机零件一般为尺寸较大、刚度较小的薄壁零件，零件本身在装配过程中极易变形，使得飞机零件的装配定位，除了确定零件的空间位置（空间的 6 个自由度）外，还需校正零件形状并限制装配变形，因此，飞机产品的装定位多采用"超六点定位"。普通机械产品的互换性一般通过配合公差和量具保证，而飞机产品的互换性多依据装配型架的成套性和协调性确保。

（1）准确度和协调性要求。在飞机装配中，装配型架的制造准确度和安装准确度是保证飞机装配准确度的基础，其准确度应高于装配对象的制造准确度。为保证装配过程中不损伤产品与产品的定位面、夹紧面，其表面粗糙度（Ra）不应小于 1.6 μm。

（2）刚性要求。装配型架的刚性是保证其长期稳定性的基础，其自身质量产生的挠度在任何方向上都不得大于产品准确度的 1/3。

（3）长期的稳定性要求。装配型架在长期的使用过程中要考虑元件的焊接内应力、螺栓连接的间隙、操作中的冲击力、连接振动、架内的过分强迫装配、热膨胀、地基下沉等因素对型架的影响。因此，接头定位件的耐磨性要好，重要部位要淬火或压套；运动机构间隙小而稳定，采用耐磨材料和合理的结构；型架的焊接件、铸造件、冷轧件等要进行去应力处理；型架结构的连接在采用螺栓连接时需加定位销钉。

（4）装配效率的要求。结构应简单、开敞并尽可能轻便，工人接近工件方便、安全。

（5）装配型架结构的工艺性要求。构件的制造加工应简单、方便，检修方便，成本低；产品的上架和下架要安全、方便；型架尽可能方便移动，便于更改工艺布置和生产线。型架的零部件尽可能采用标准件，实现通用化、标准化、系列化和模块化。

■ 2.1.4 型架构造

飞机装配型架主要由骨架、定位件、压紧件和辅助装置等部分组成。骨架是型架的基础结构，定位件、压紧件及部分辅助装置均安装在骨架上。定位件主要用于装配对象的定位，协调相互关系，保证装配精度。压紧件主要对装配对象进行固定，防止装配变形等。辅助装置主要用于装配对象上架、下架，改善劳动条件。型架各组成部件的功能和要求如下。

2.1.4.1 骨架

装配型架的骨架是安装定位件、压紧件和其他结构的基体。骨架多由槽钢、钢管等型材焊接而成，多用于平面组合件等。通常小型装配型架一般采用整体框架，大型装配型架一般采用组合框架。为了保证定位系统的长期稳定性、装配准确度和协调互换性，骨架通常具有足够的刚度，若刚度不足，就难以保证产品的装配准确度和协调互换性的要求。影响装配型架刚度的主要原因：一是型架的总体结构形式选取不当；二是结构布局不合理；三是一些安装重要的接头定位器的部位局部刚性不足。因此，在选定型架骨架的结构后，必须对装配型架的刚度进行校核验算。

常用的骨架结构形式主要有以下几类。

（1）框架式骨架。框架式骨架至少包括一个承力框，是一种常见的形式，如图 2-2 所示，常用于机翼壁板、机身壁板、舱门、门框等部件的装配。

（2）单梁式骨架。单梁式骨架较为简单，有一根主承力梁，如图 2-3 所示，常用于翼梁、机翼前缘等部件的装配。

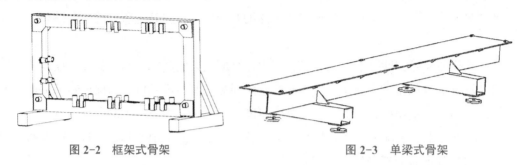

图 2-2　框架式骨架　　　　　　　　　　图 2-3　单梁式骨架

（3）组合式骨架。组合式骨架由底座、立柱、支臂、梁组成，如图 2-4 所示，多用于大型工件装配，标准化程度高。

图 2-4　组合式骨架

（4）旋转式骨架。旋转式骨架有一套旋转机构可翻转装配对象便于操作施工，有利于改善劳动条件，方便装配对象出架，如图 2-5 所示。

图 2-5　旋转式骨架

（5）分散式骨架。分散式骨架不设整体骨架，各个定位夹紧件固定在以车间地基为基础的分散的金属骨架上，如图 2-6 所示。由于地基与工件热膨胀系数相差较大，因此，装配精度受温度等外界环境影响大。

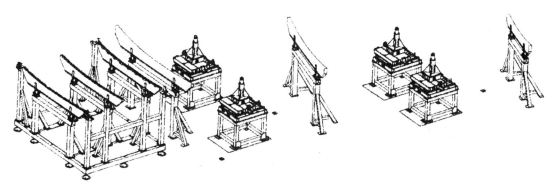

图 2-6　分散式骨架

（6）整体式骨架。整体式骨架降低了对地基的要求，形成浮动结构，可搬移，如图 2-7 所示。通常，整体式骨架的底座采用与工件相同的材料，即铝合金材料，使型架与工件热膨胀系数基本保持一致。其缺点是耗材多、成本高。

图 2-7　整体式骨架

2.1.4.2　定位件

定位是指工件被夹紧后所占有的位置，装配型架中的定位件就是确定产品几何参数或几何要素的元件。型架定位件是型架主要功能元件，用于保证工件准确位置，要求定位准确度高、互换性好、使用方便等。定位件上起定位作用的孔、定位销钉、定位叉耳等，一般应以产品上对应的界限尺寸为其公称尺寸，其公差一般选用间隙配合。定位件精度选用与产品同级或适当略高。根据产品的类型和特点，定位件形式多种多样。

1. 外形定位件

外形定位件用于曲面类产品零件的定位，如卡板、托板、包络体定位件等。卡板和托板仅能定位某些切面外形，包络板则可定位整个空间曲面外形。

（1）卡板。卡板是装配型架中最常用的定位件，主要用于保证飞机气动外形的准确度和协调性，并能控制铆接变形。卡板一般分为外形卡板和内形卡板两类。外形卡板的形面可以是飞机蒙皮外形，也可以是飞机蒙皮内形（飞机骨架外形），如图 2-8 所示。内形卡板一般取飞机蒙皮内形，并在卡板上开有缺口，便于长桁通过，可以对蒙皮内表面及骨架零件进行定位，如图 2-9 所示。

图 2-8　外形卡板

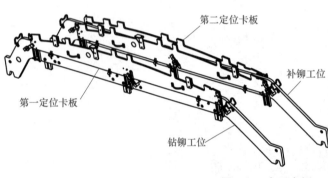

图 2-9　内形卡板

　　使用卡板定位时，为防止蒙皮滑动或装配时出现较大变形，要求对蒙皮进行固定以保证其能紧靠在卡板工作面。蒙皮的夹紧方式有以下几种：

　　1）当使用内形卡板时，在内形卡板上有橡皮垫或螺旋式夹紧件，如图 2-10 和图 2-11 所示。

　　2）当不用内形卡板时，可在卡板侧面安装上角片，用工艺螺栓把蒙皮夹紧。螺栓是通过蒙皮与桁条的一个铆钉孔拉紧的，此孔暂不铆接。

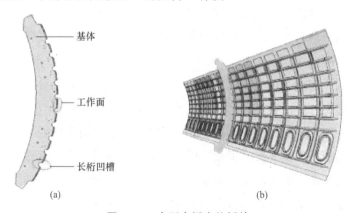

(a)　　　　　　　　　　　　　　　　(b)

图 2-10　内形卡板定位板件

（a）内形卡板；（b）内形卡板定位蒙皮

图 2-11　内形卡板定位板件（波音 777 飞机）

3）采用螺旋式顶杆从蒙皮内部顶紧，如图 2-12 所示。

正面　　　　　　　　　　背面

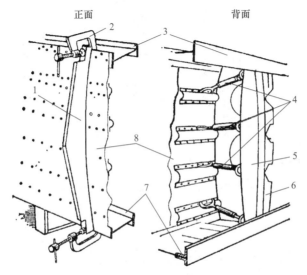

图 2-12　用螺旋式顶杆从内部顶紧蒙皮的外形卡板

1—外形卡板；2—弓形夹；3—翼前梁；4—松紧螺套；5—木柱；6—翼肋；7—翼后梁；8—板件蒙皮

4）采用螺旋式顶杆从蒙皮外部顶紧，如图 2-13 所示。

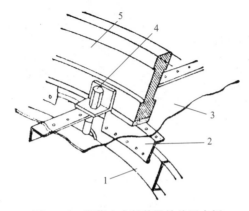

图 2-13　带蒙皮夹紧装置的外形卡板

1—机身隔框；2—补偿片；3—蒙皮；4—工艺螺栓；5—外形卡板

5）采用橡皮绳、棘轮拉紧带等方式固定蒙皮，如图 2-14 所示。

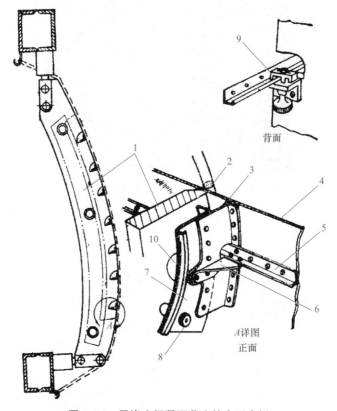

图 2-14　用橡皮绳紧固蒙皮的内形卡板

1—内形卡板；2—橡皮绳；3—补偿片；4—蒙皮；5—桁条；6—角片；
7—隔框；8—隔框的定位孔定位件；9—桁条夹紧件；10—内形卡板开孔

（2）托板。托板位于装配件的下方起支撑作用，如图 2-15 所示。

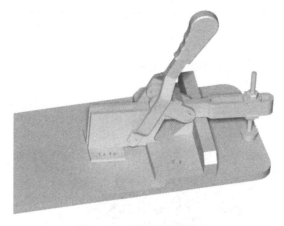

图 2-15　托板和压紧接头

（3）包络体定位件。包络体定位件是一块较厚的带曲面外形的钻模定位板（包络板），其上带铆钉孔的钻套、工件轴线和蒙皮切割线。包络体定位件的工件外形为产品零件的全部外形，如图 2-16 和图 2-17 所示。

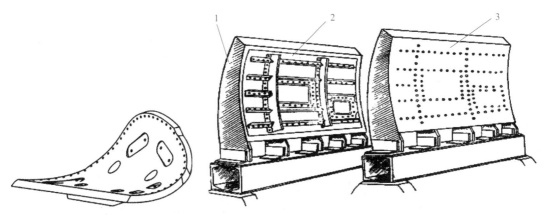

图 2-16　包络体定位件

图 2-17　包络体定位件装配板件

1—托架；2—板件；3—包络体定位件

2. 专用零件定位件

飞机产品零件各式各样，因而此类零件的定位件种类繁多，常见的有型材定位件、腹板定位件、长桁定位件等（图 2-18）。

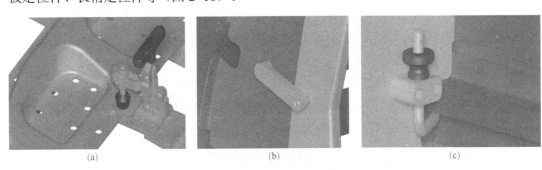

(a)　　　　　　　　　　　　(b)　　　　　　　　　　　　(c)

图 2-18　专用定位件

（a）型材定位件（b）腹板定位件；（c）长桁定位件

3. 接头定位件

接头定位件用于保证飞机部件对接接头的互换协调，多为叉耳式，如图 2-19 所示。

图 2-19　叉耳式接头定位件

51

4．型架平板

型架平板工作面既带有外形，又带有和部件的围框式接头协调的相应的对接孔，主要用于两个产品部件的对接，多用于围框式接头的定位（图 2-20）。型架平板的对接孔和基准孔一般按标准平板协调制造，其工作面一般选用厚度为 20 ～ 30 mm 的钢板制成，为保证其刚度，又将连接在钢管焊接成的加强框架上，钢板上带有和产品部件围框式接头协调的相对应的对接孔。还可采用铸铝制成的工形剖面的框架。

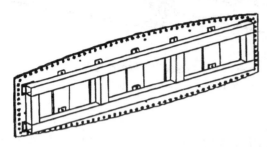

图 2-20 型架平板

5．工艺接头

工艺接头是为了装配时定位和夹持飞机产品零部件的需要而夹在飞机结构的较强部件上的工艺临时接头（图 2-21）。它可以凸出于产品气动外形表面，在飞机装配完成后即可拆除。它可起到定位的作用，甚至要承载整个大型产品部件的重力，因而工艺接头应具有一定的精度和足够的刚度和强度。工艺接头可以在产品组件装配、部件装配和部件对接等各个阶段共同使用，从而更好地保证定位基准的统一性和协调性（图 2-22）。

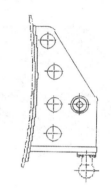

图 2-21 工艺接头

图 2-22 工艺接头用于机身装配（A400M 飞机）

6．定位孔定位件

定位孔定位件直接利用产品自身的孔来定位，如图 2-23 所示，常利用腹板零件上的孔和部件上的对接孔作为定位孔。

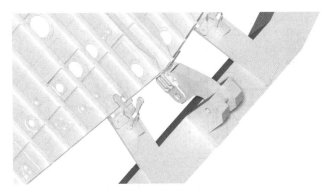

图 2-23　定位孔定位件

2.1.4.3　压紧件

装配型架中压紧件的主要作用是压紧产品零件，并配合定位件完成其他定位功能。这就要求压紧件压紧可靠、操作方便迅速、不损伤工件（图 2-24、图 2-25）。

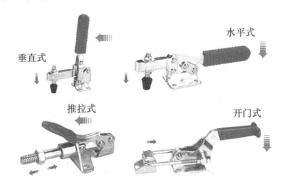

图 2-24　常用机械式压紧件

图 2-25　压紧件固定飞机舵面

常用的压紧件如下：

（1）螺旋压紧件（图 2-26）。

（2）连杆机构压紧件（图 2-27）。

 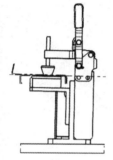

图 2-26　螺旋压紧件

图 2-27　连杆机构压紧件

（3）压紧卡板（图 2-28）。

图 2-28　压紧卡板

（4）外形压紧件。外形压紧件包括橡皮绳、帆布带和棘轮拉紧带等。

2.1.4.4　辅助装置

装配型架的辅助装置一般包括产品的支撑、调整装置；为产品进行出架而设置的附属于型架的吊运装置；为操作者工作方便而设置的放置架、工作梯；工作时需要的照明系统和压缩空气管理工具、送风系统等。

（1）工作梯。工作梯又称工作架，是方便工人装配依附于型架上设计的辅助装置，包括梯子、梯板等（图 2-29）。

（2）托架。托架是在架车上用于调整位置的辅助结构，通常由移动装置、升降装置、支撑件 3 部分组成（图 2-30）。

图 2-29　工作梯

图 2-30　托架

（3）吊挂。吊挂一般分为运输吊挂与对接吊挂两种，包括横梁、钢索、接头、吊带几部分（图 2-31）。

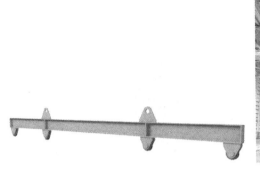

图 2-31　吊挂

（4）导轨移动结构（图 2-32）。

图 2-32　导轨移动结构

2.1.4.5　其他结构

装配型架的元件除以上的基本结构外，还包括大量的连接件、标准件和成品件等。其中，成品件根据功能分类，各式各样，无论从选型采购，还是安装维护都非常方便实用。例如，气动旋转设备适用转动式装配型架结构；生命安全系统用于操作者高空作业的安全保护，操作者工作时系上安全带，把安全带的另一端与速差防坠器相连，速差防坠器上的滑块可沿着钢丝绳在展向移动；高性能运动机轮组可以完成移动结构的全方位运动（图 2-33）。

图 2-33　自动控制全方位移动轮组

图 2-34 所示为某小型通用飞机的机身装配型架，结合前面学习的知识，以及车间实践过程中在飞机装配现场参观的各类型架，完成表 2-1 所列任务。

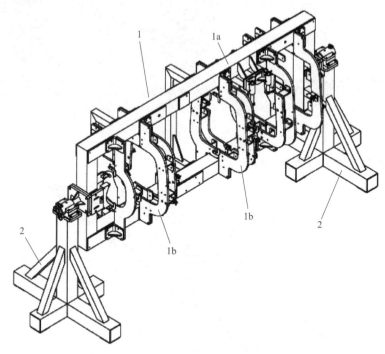

图 2-34　某小型通用飞机的机身装配型架

表 2-1　任务实施要点

【任务名称】认识型架
【任务实施基本要求】

工序	工作步骤	实施要点（列关键作业点）
认识型架	指出图示各部分的名称	
	描述图示各部分的功用	
	简要描述该型架的工作过程	
学习小结		

【巩固提高】

1. 飞机装配型架的作用有哪些？

2. 工件从型架上的常用出架方式有哪些？

3. 型架基座的选取原则有哪些？

4. 装配对象在型架中的放置方式有哪些？

5. 型架应满足哪些基本要求？

6. 型架包括哪些组成部件？各自功能是什么？

7. 型架骨架应满足哪些要求？常见结构形式有哪些？

8. 型架定位件的作用是什么？飞机型架上常用的定位件有哪些？

9. 型架压紧件的作用是什么？飞机型架上常用的压紧件有哪些？

10. 型架辅助装置的作用是什么？列举几个型架辅助装置。

任务 2.2　典型飞机装配型架

【任务引入】

型架作为一种功能装置，有效解决了飞机装配由于外形复杂、零组件数量极多、内部空间紧凑、子系统众多、协调关系难以控制、质量要求严格等特征导致的零部件协调定位困难，装配和安装周期长等问题。在飞机装配生产一线需要用到大量且功能各异的型架。那么在飞机装配过程中，具体需要用到哪些型架呢？

【任务分析】

面对种类众多、数量繁杂的各式型架，该如何快速理解和掌握飞机装配中使用到的各种型架的功能和适用场合。为更加细致、全面地掌握飞机型架，可以按照装配对象、工作状态、骨架类型、支撑方式等特征对型架进行分类。一方面可以帮助学生快速认识各种型架；另一方面可以帮助学生进一步理解不同类型型架的特征和适用场景。

【知识学习】

■ 2.2.1　按产品类型分类

按型架作用对象，可将型架分为机翼类装配型架和机身类装配型架。

1. 机翼类装配型架

机翼类装配型架包括机翼壁板装配型架、前后缘装配型架、前后梁装配型架、翼尖装配型架、翼盒总装型架、前缘与前梁对合型架、后缘与后梁对合型架等，以及垂尾总装型架、平尾总装型架、副翼装配型架、扰流板装配型架、方向舵装配型架、升降舵装配型架、内外襟翼装配型架、缝翼装配型架（图 2-35 ～图 2-40）。

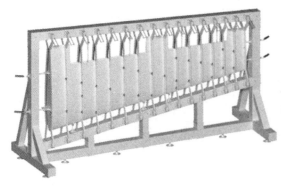

图 2-35　机翼装配型架

图 2-36　机翼壁板装配型架

图 2-37　垂尾总装型架

图 2-38　副翼装配型架

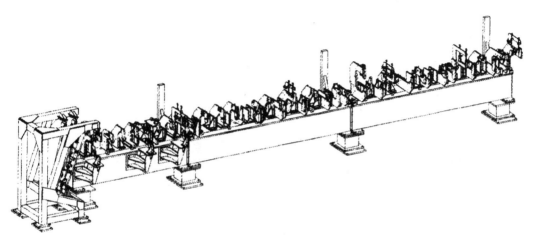

图 2-39　机翼后缘装配型架

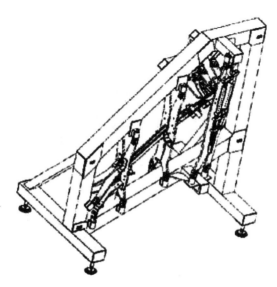

图 2-40　翼尖装配型架

2. 机身类装配型架

机身类装配型架包括框装配型架、舱门装配型架、门框装配型架、机身中段装配型架等。另外，还包括整流罩装配型架、壁板装配型架、地板装配型架、天窗骨架装配型架、雷达罩装配型架、尾罩装配型架、机身上部装配型架、机身下部装配型架、机身上下部对合型架、机身前段总装型架、机身后段总装型架、机身总装型架、口盖装配型架、梁装配型架等（图 2-41～图 2-45）。

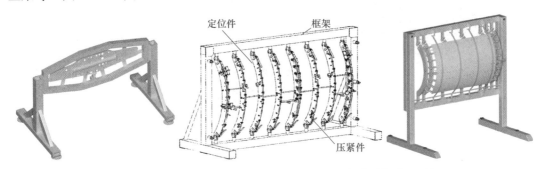

图 2-41　框装配型架　　　　　　　图 2-42　机身壁板装配型架

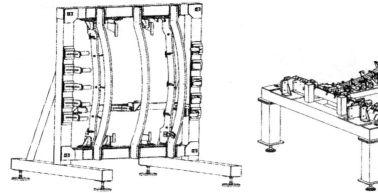
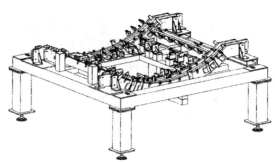

图 2-43　舱门装配型架　　　　　　图 2-44　门框装配型架

图 2-45　后机身装配型架

60

■ 2.2.2　按工作状态分类

1．固定式

固定式型架多为大型或重型型架。适用大尺寸的零件（如大壁板件、机翼总装型架、段件装配型架等）。固定式型架铆接操纵方便，可节省车间面积（图2-46）。

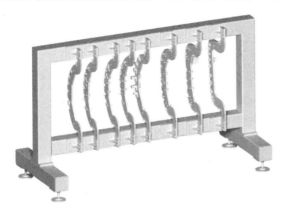

图2-46　某机身壁板装配型架

2．转动式

转动式型架可翻转，便于操作，可满足多种工作状态，只限于尺寸较小的零件（翼肋、隔框等）（图2-47）。

图2-47　某机翼壁板装配型架

■ 2.2.3　按骨架类型分类

按型架本身骨架数量，可将型架分为单梁式、框架式、组合框架式、整体底盘式、分散式等类型。

1．单梁式

单梁式型架结构简单，由一根强度、刚度较大的主梁作为型架的主承力结构，如图2-48所示。

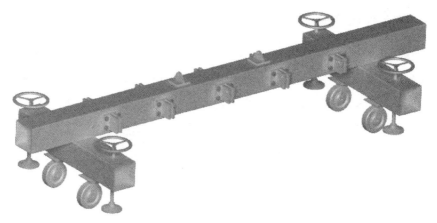

图 2-48　梁装配夹具

2．框架式

框架式型架是由槽钢或钢管焊接成的框架，如图 2-49 所示。它多用于装配隔框、翼肋、大梁等平面形状的组合件、板件以及小型立体组合件、段件。框架的放置方式多为竖放和转动式，也有平放的。转动式框架便于操作，又可省车间面积，但只限于尺寸不大的框架。竖放式框架可用地脚螺栓固定在专用的基础上，也可直接安放在地坪上，用混凝土固定。

图 2-49　某垂尾装配型架

3．组合框架式

组合框架型架一般是由底座、立柱、支臂、梁等标准化元件组成的，如图 2-50 所示。梁一般是由两组槽钢（或采用方钢）焊接成封闭的匣形剖面。为减小焊接变形及工作量，槽钢对焊时采用断续焊缝。梁通过螺栓固定在底座或立柱上，定位件及夹紧件大多固定在梁上。立柱、底座、支臂的材料一般采用铸铁。

组合框架型架的主要特点是规格化、标准化程度高。它类似积木式结构，因此，可以缩短设计和制造周期。当机型改变时，其元件大多可重复使用。但如果机型稳定生产多年，这一优越性就不显著。

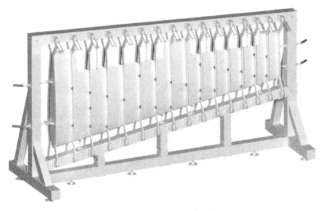

图 2-50　机翼总装型架

4．整体底盘式

整体底盘式型架是指型架的骨架中有一个整体的底座，底盘用多支点可调支撑在车间地面上，型架的其他骨架及所有的定位压紧元件都固定在底座上，如图 2-51 所示。这种形式的型架主要能降低对地基的要求，地基如有变动，可调整各支撑点，以保持底座的正确位置，从而保证型架准确度的稳定性。

底盘一般用钢管、型钢或钢板焊成平面框架，多用于翼肋、隔框和大梁等平面形状的组合件的装配。

整体底盘式型架的优点在于通过定期检查的办法可消除地基变动的影响。此外，型架是浮动的，搬移比较方便。底盘材料选取铝时，与飞机部件的膨胀冷缩一致，可自由伸缩。这种形式的缺点是消耗金属多，一台大型部件装配型架需要几十吨金属。当型架比较大时，其底座可由几块标准块体直接拼接而成。

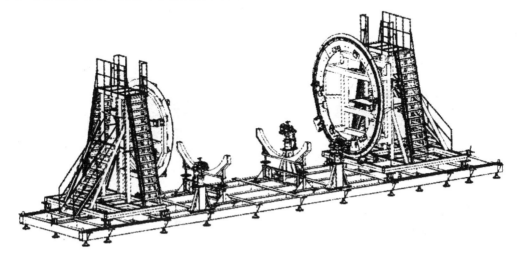

图 2-51　机身前段装配型架

5．分散式

分散式型架的特点是型架不设整体骨架，各个定位压紧件固定在分散的金属骨架上。这些分散的骨架以车间地基为基础，一般用槽钢或钢管焊接而成。分散的骨架靠车间地基把它们连成一个整体，如图 2-52 所示。型架定位件的尺寸稳定性主要取决于车间地基和型架基础的稳固程度。

这种型架的主要优点在于取消了整体骨架，大大节省了材料，与组合框架式型架相比，可节省约 50% 的金属，而且型架结构大大简化，比较开敞，有利于架内装配工作的进行。分散式型架主要适用大尺寸的装配型架，尤其是比较复杂的机身总装型架。有的大型机翼总装型架也采用这种型架，这时机翼弦面水平放置，可减小整个型架的高度。

采用分散式型架，要求车间地基比较稳固，否则如地基不均匀下沉，将严重影响型架准确度。此外，地基与工件的膨胀系数差比整体式骨架与工件间的差值大，这也影响型架准确度，这些是分散式型架致命的弱点。

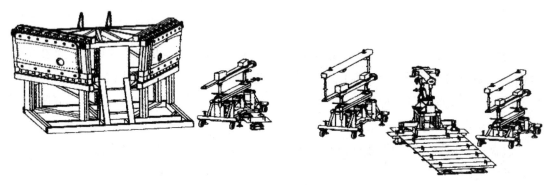

图 2-52　机翼架外装配型架

■ 2.2.4　按支撑方式分类

型架通常采用四点支撑或三点支撑。四点支撑受安装调试或地基沉降影响导致支撑力不均匀，使得骨架抗扭效果较差；三点支撑虽然变形小，但稳定性较差，在实际使用时需增加辅助支撑提高稳定性（图 2-53）。

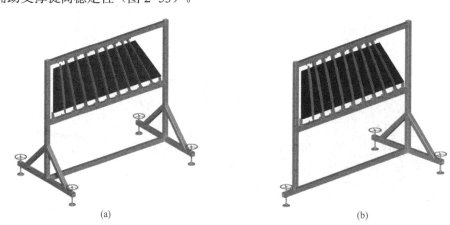

图 2-53　常见型架支撑方式
（a）四点支撑；（b）三点支撑

型架根据撑脚的支撑方式可分为固定支撑、可调支撑、一般支撑三类。

1. 固定支撑

固定支撑是指型架直接固定在厂房地坪上（图 2-54）。

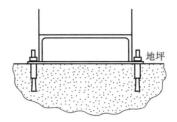

图 2-54　地脚螺栓固定

2. 可调支撑

可调支撑是指采用可调机构，直接将型架置于厂房地坪上，可进行高低调平（图 2-55）。

图 2-55　可调支撑

3. 一般支撑

一般支撑是指将型架直接放置在厂房地坪上，不需要进行调平（图 2-56）。

图 2-56　一般支撑

【任务实施】

图 2-57 所示为某民航飞机的机翼结构，其中机翼上壁板已移除。该机翼由中央翼盒、前缘缝翼、外襟翼、内襟翼、副翼和翼尖小翼组成。中央翼盒由前梁、后梁、加强翼肋、翼肋、上壁板、下壁板等结构组成。结合前面学习的知识，请认真思考，完成该机翼装配需要用到哪些型架，并完成表 2-2 所列任务。

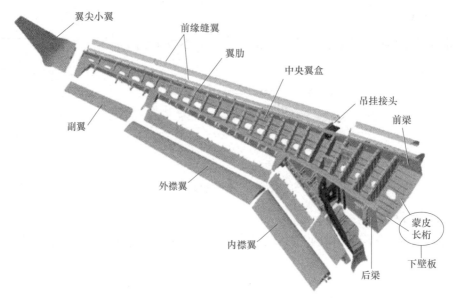

图 2-57 某民航飞机机翼结构

表 2-2 任务实施要点

【任务名称】型架应用		
【任务实施基本要求】		
工序	工作步骤	实施要点（列关键作业点）
	结合项目 1 中 1.3.2 "飞机装配工艺简介" 所学知识，简要描述该机翼的装配流程	
	简要描述完成该机翼装配需要应用哪些型架	
学习小结		

【巩固提高】

1．列举常用机翼类部件装配型架。

2．列举常用机身类部件装配型架。

3．简要描述固定式型架和转动式型架的特征及应用场景。

4．列举常用型架的支撑方式。

知识拓展

飞机装配型架发展趋势

一般飞机生产准备周期占飞机研制周期的 1/2 以上，而装配型架的设计制造是飞机生产准备的主要内容之一。减短型架的制造时间对缩短整个飞机研制周期具有重要意义。此外，飞机装配精度要求越来越高，机身内部构件越来越多，结构越来越复杂，导致设计周期加长，设计变更增多，这必然影响工装的设计和制造。由于工装设计受飞机产品数据控制，要在最终产品数据还未确定的情况下进行工装设计，工装的部分结构必须独立于产品数据。工装和产品并行设计的一个基本思路是改变传统的工装结构，将其划分为独立于产品数据或只需要基本数据的标准结构和依赖于最终产品数据的专用结构件两部分。装配型架的标准结构部分主要有立柱、底座、辅助支撑等，专用部分主要有用于定位桁条的刻度板、接头定位件等。专用件一般尺寸较小，设计、加工制造周期很短，并且不需要专门的大型加工设备。因此，在飞机产品设计的初期就可进行设计制造，在产品最终版本发放后只需设计制造专用结构就可以进行装配。在此背景下，一些新型型架设计制造方法逐渐推广应用。

1．装配型架的数字化设计

利用数字化设计，可以根据产品的外形和内部结构数字化模型，利用数字化预装配技术在计算机上进行产品造型和装配的全过程。在真实零件加工前，利用数字样机进行配合检查，可以检查工件的干涉和配合不协调的情况，降低由于工程错误和返工等造成的设计变更的成本。

装配型架的数字化包括型架的数字化设计、数字化制造和数字化检测。数字化设计是指在三维模式下，进行型架结构的零组件设计和数字化预装配设计。数字化制造是指应用于数字化设计的工装模型，采用数字化加工设备，对工装的关键特征型面、互换协调交点等进行加工和装配。数字化检测是指采用数字化检测设备对型架进行检测。采用数字化设计制造，产品的外形和协调互换信息用数字量代替传统的模拟量传递，保证了飞机制造外形和协调互换的要求（图 2-58、图 2-59）。

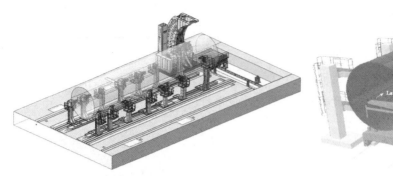 

图 2-58　数字化装配型架（空客 A400M）　　　　图 2-59　数字化装配型架（B737NG）

2．装配型架的模块化设计

型架的模块化设计即工装设计的各种数据库的建立和完善，模块化设计对提高工装设计效率是一条有效的途径。模块化设计包括标准件库的建立和完善，有关工艺数据的建立，工装典型结构库的开发等。另外，针对不同工装，开发各种专用工装设计系统可以提高设计效率。

3．柔性装配型架

柔性装配型架是基于产品数字量尺寸协调体系的、可重组的模块化、自动化装配工装系统，其目的是免除设计和制造各种产品装配专用的传统装配型架、夹具，从而降低工装制造成本，缩短工装准备周期，减少生产用地，同时大幅度提高装配生产率。提高产品工艺装备"柔性"的方式有两种：一种是拼装型架方式，用标准化、系列化的型架元件来拼装型架；另一种是可卸定位件方式，即型架骨架基本不变，而分布于骨架上的定位件全部做成可拆卸的，这样，当生产任务发生变化时，只需要更换定位器即可。柔性设计的基本思想是在型架中采用可以快速调整的机构，以满足不同装配对象的装配要求。

多点成型技术是柔性工装设计的基础，其基本思想是采用离散的点来拟合飞机装配部件的三维型面，即以点代面。采用柔性工装，可以使飞机装配型架制造周期大大缩短，并可取代大部分固定装配型架，而且利用它的可重构性，一套柔性工装可以装配多种飞机零件（图 2-60）。

 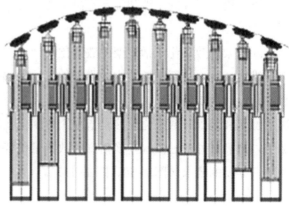

图 2-60　柔性工装

随着不同飞机机型产品设计的特殊要求和快速发展，装配型架也不是一成不变的。例如，某些产品为了达到连接孔的高强度、长寿命和高气密性，产品部件对接区设计采用的是高干涉紧固件连接，数量多，夹层厚度大。如果仍采用传统的手工制孔方式，刚对接孔与壁板的垂直度和孔径精度得不到保证。同时，为满足长寿命连接的需要，人工用铆接枪压入大直径高干涉量的螺栓近乎不可能，必须采用自动化加工设备进行制孔和压钉工作，因此，对应的装配型架设备化的倾向也越来越明显。另外，对于大型飞机，装配时采用工艺分离面，需要对部件进行姿态调整，达到设计参数要求后，才能制孔并连接。由于各部件尺寸大、质量重，对接协调部位和对接时需要监测的点位较多，因而采用传统的对接型架的调整定位方式难以实现。传统工艺调整方式效率极低，主要靠操作者的水平和经验，难以保证生产进度。因此，必须要求装配型架设计成为包括对接面自动制孔设备、对接支撑设备、激光跟踪仪、控制系统等部分组成的自动化系统，使部件姿态的调整在可检测、可控制的条件下进行，既能提高机身部件姿态调整的精度，又能提高生产效率，同时还能降低操纵者劳动强度。基于以上几种主要原因，为了适应自动化制孔要求，打破常规工装的限制，出现了机电一体化工装。

机电一体化工装是指在航空产品制造过程中，为了实现数字化、自动化生产制造，确保产品质量、提高生产效率而设计制造或采购的，在产品制造中以支撑、定位、夹紧、成型、部件加工等功能为主，包含辅助的机械、电器、自动控制、设备、照明、动力（装备用的风、水、电、气连接部分）等集成一体的装备。

目前，先进的航空制造公司（如波音、空客等）均采用了大量的数字化、柔性化等机电一体化工装，已经彻底改变了传统的手工装配工艺方法，提高了飞机的整体装配质量，延长了寿命。例如，欧洲空客公司某机型对接系统采用了典型的机电一体化工装，包括调姿系统和自动制孔系统（图2-61）。

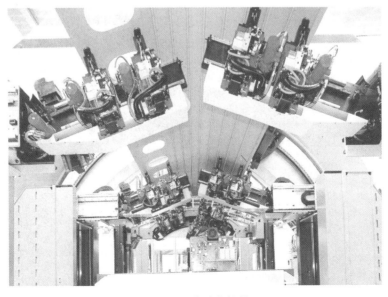

图 2-61 自动化铆接

采用数字化装配技术，其制造工艺装备相对于传统型架，优点在于需求数量少、结构简单、体积小、精度高、稳定性好、工艺可达性好、占地面积小、具有较高的柔性，有利于飞机改型改装，是当今工艺装备特别是装配型架发展的方向。

飞机型架的装配

【项目简介】

飞机装配的准确度在很大程度上取决于装配型架的准确度。型架的准确度首先取决于型架装配的准确度，型架装配的好坏决定了飞机产品的质量。其次，在不同装配阶段会采用不同的装配型架，因此，还要保证不同型架之间的协调准确度。在飞机量产比较大的情况下，可能需要使用多套相同型架同时工作，必须保证相同型架的一致性。

在型架设计、制造阶段，要考虑如何提高型架装配准确度和安装效率、缩短生产准备周期、降低型架的制造费用、改进型架装配工艺性等。在型架装配过程中，为保证型架定位精度，还会借助各种技术手段，依照模拟量或数字量协调原理指导装配。型架装配的主要任务就是控制型架元件在空间的 6 个自由度，确定型架元件的正确安装位置。

.

1. 知识目标

（1）理解飞机型架的装配要求。

（2）掌握飞机型架的装配方法。

（3）掌握飞机型架的装配流程。

（4）了解飞机型架的装配调整方法。

2. 能力目标

能够理解飞机装配型架的装配要求；能够了解飞机型架的装配方法；能够掌握典型飞机型架的装配调整方法；具备从事飞机型架装配、维修、检测及生产现场管理等工作的知识储备；具备查阅、研读现代飞机装配型架相关的技术文献的能力。

3. 素质目标

掌握一定的学习方法，培养良好的职业道德和职业素养，磨砺精益求精的工匠精神，养成质量意识、环保意识、安全意识、创新意识，形成较强的集体意识和团队合作精神，能够理解企业战略和适应企业文化。

任务 3.1　型架装配基础

【任务引入】

在飞机装配过程中，许多零组件需要依据型架进行定位，即飞机装配的准确度在很大程度上取决于装配型架的准确度，而型架的准确度主要又取决于型架装配的准确度。因此，型架装配精度和质量至关重要，型架装配必须依据一定的安装准则和要求。型架由骨架、定位件、紧固件、辅助件等元件组成，这些元件之间相互配合，总体结构相对分散。装配型架时必须依据一定的装配流程和装配方法。由于型架元件在制造过程中会存在一定的装配误差，因此，在型架装配过程中需采取一定措施进行调整。

【任务分析】

型架是飞机装配的基准，型架精度直接决定了飞机产品的精度。为保证型架的装配精度，同时提高工作效率并节约成本，就必须遵循一定的安装准则和装配流程，并选用合适的装配方法。本任务旨在帮助读者掌握型架安装的通用要求和装配流程，以及典型的型架装配方法和调整措施。

【知识学习】

3.1.1　型架装配一般要求

型架由若干个组件构成，一般包括固定骨架、活动卡板和定位卡板群 3 个组件，每个组件中又包括一批型架元件，因此，型架的总体结构是分散的。型架的装配过程即确定型架元件在型架结构上的空间定位。通常，先采用高效率的通用设备（如型架装配机、光学工具坞、安装机、画线钻孔台）安装组件，再用光学设备将组件总装为一套完整的型架。用光学工具安装的型架结构要适应光学工具安装的要求，目的是减少调整次数、提高安装准确度、提高安装效率、缩短安装周期。

飞机装配时采用了大量装配型架，为保证飞机装配的准确度，首先要保证装配型架的准确性。通常装配型架的精度是产品精度的 1/2 ～ 1/3。型架装配包括框架准备、组件装配和最终总体安装。

框架准备主要指型架基座或骨架准备，如采用焊接工艺焊接框架，焊接后要经过人工时效或自然时效以消除应力。

组件装配是为了方便后续的安装过程，需要将部分型架零件预先装配到一起，最终以组件的形式整体参与最终的安装。

72

型架的安装方式由产品公差要求、装配协调方案、型架设计图、常用安装设备等要素决定，其中常用的标注尺寸公差符号如下：

（1）使用画线钻孔台、型架装配机、光学工具坞保证的尺寸公差，如"100*"；

（2）使用光学仪器、长杆千分尺保证的尺寸公差，如"100 ▲"；

（3）使用样板或标准工装协调的尺寸，不标注尺寸公差，如"100 ▃"。

■ 3.1.2 型架装配流程

型架一般按照骨架、定位件、紧固件的顺序进行装配。其中，定位件安装按照定位标准样件、卡板、接头定位件的顺序进行。

3.1.2.1 型架骨架装配

型架骨架一般准确度要求较低，需预先装配好。对于采用焊接工艺制作的骨架还需要经过退火或自然时效处理，以消除焊接内应力。

3.1.2.2 在型架骨架上定位标准样件

通常采用标高板在型架骨架上定位标准样件。标高板是标准样件在型架骨架上的定位和固定的基准件。在型架骨架上定位标准样件的流程如下：

（1）将标准样件安放到型架骨架上。标准样件上有一组标高板的空间构架，称为标高架，具有结构简单、刚性较大的特点。

（2）按标准样件上的标高架，安装出型架上的标高板（或标高座）（图3-1）。

图3-1 使用标准样件装配机翼盒段型架示意

3.1.2.3 安装型架卡板

确定标准样件位置后，按照图纸要求和标准样件外形定位，在型架骨架上安装卡板（图3-2）。

3.1.2.4 安装接头定位件

按照图纸要求安装接头定位件，并按照标准样件调节接头定位件间隙（图3-3）。

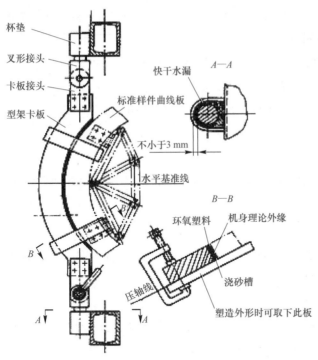

图 3-2　安装卡板　　　　　　　　图 3-3　用调节螺栓调节接头定位件

■ 3.1.3　型架装配方法

在型架装配过程中，一般型架骨架的位置准确度要求较低，而对定位压紧件的位置要求较高，即型架安装主要是确定定位件在空间的准确位置，也就是定位件的空间位置的测量与定位问题。在型架装配过程中经常采用过定位，即"N-2-1"定位原理。常见的型架装配方法如下。

3.1.3.1　按模板装配

按模板装配所指的模板有别于描绘、复制各式各样的机翼外形模线的塑料明胶板，这里所指的是由钢、铝等硬质材料制成的模板。模板上，除标有机体坐标系的基准孔外，还有若干位置不同、大小各异的孔。这些孔有助于飞机上相邻连接件的协调孔定位、制作或零件加工。

例如，C919 机翼与机身的连接，虽然两侧机翼展向有托架式型架定位，但最终还是要由机翼根部多达 10 个螺栓孔与机身承力框上的对应孔一一精准对中来定。即便由精密的数控机床分别加工出这些零件中的孔，但真正对接时，有些孔还是无法精准对上。由于对接孔多，孔径精度又高，很难用偏差来补偿，所以，常规的办法是先打初孔，安装时再一起扩孔、铰孔，最后用螺栓连接。但机翼、机身这一关键连接部位承力巨大，其厚度、孔径大，材质坚硬，则出现了在施工现场加工特别费时费力，精度还不尽理想的问题。为了解决这一问题，采用了一种 30 mm 厚的钢模板，在这块模板上，工人们先打出定位基准孔及所有的协调孔。巧妙的是，在零件加工时，机翼和机身均可分别按这块模板一次性把所有孔制作成最终尺寸。待机翼、机身总装时，能确保两者的连接孔对得丝毫不差，不需要费力地在现场加工，省时省力，只需一一插入所有螺栓，拧紧即可。

模板的作用还体现在驱动前缘缝翼运动的齿轮和齿条的安装上。现代大型客机的每侧机翼前缘有 5 ～ 6 块缝翼，每块缝翼由两组齿轮和齿条负责驱动。为保障 10 多块舵面同步运动，要求每组齿轮和齿条的安装必须非常精准。哪怕只有一个安装孔出现稍大一点的偏差，也会导致整个缝翼运动阻滞，甚至卡住不动。以前，为防止个别装置安装误差偏大，只好在每个齿轮和齿条装置上采用偏心轮装置进行调节。可是，这类装置无法应用在现代飞机的超临界机翼上，因为这种机翼翼肋太薄，特别是翼尖处的内部空间太小，根本放不下偏心轮装置。通过采用机加模板，每一个肋对应一块模板。模板上，按机翼坐标制作基准孔及齿轮安装孔、支撑滑轨的 4 个滚柱孔等。然后，每块肋板依据相应的模板一次加工出所有的孔来，在前缘装配夹具和前缘型架上与蒙皮整合成机翼前缘。这种"模板 + 型架"的定位方式可以有效地解决齿轮和齿条安装的难题。

3.1.3.2　利用通用测量工具装配型架

使用通用测量工具安装型架的方法是一种简单、原始的方法。对于小型装配型架或夹具，可以使用钳工平台。在平台上画出型架的结构位置线，并利用直角尺和高度尺建立起空间坐标系。对于大尺寸型架，可以用拉线或吊线的方法在型架骨架上建立纵向基准线、水平基准线和横向基准线，并以这些实际的线作为安装时测量用的基准线。

由于此方法对线方式的误差较大，型架安装的准确度较低，且操作费时、安装周期长，现在只作为辅助方法使用，多用于检修或检测。

3.1.3.3　按标准工装（样件）装配

利用标准工装（样件）安装型架最早出现在第二次世界大战期间，由德国发展起来的一种方法，是为了适应不同工厂同时大批量生产一种战斗机时，保证厂际互换和加速型架制造。我国在歼击机制造中，也曾主要采用这种方法。

标准工装（样件）是具有飞机部件、组合件或零件真实外形和对接接头的、尺寸准确的刚性立体样件，作为部件、组合件和零件的尺寸和形状的标准，是制造与协调有关工艺装备的依据。利用标准工装（样件）进行装配型架的安装可以保证产品接头孔和型面的互换性和协调性。型架上带有支撑标准工装（样件）的标高板或定位装置。根据定位好的标准工装（样件），进行接头孔的安装和型面的塑造（图 3-4、图 3-5）。

图 3-4　整机标准样件

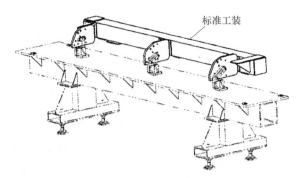

图 3-5 按标准样件装配型架

用标准工装（样件）装配型架的典型过程如下：

（1）型架骨架的装配。用标准工装（样件）装配型架时，型架的骨架要预先装配好。对焊接的骨架，在焊接以后要进行退火或自然时效处理，以便消除由于焊接产生的内应力，防止以后产生变形。

（2）标准工装（样件）在型架中的定位。用标准工装（样件）装配型架时，首先要把标准工装（样件）在型架骨架上固定牢固。标准工装（样件）在型架中的定位和固定，一般是通过标高板。标高板也是以后型架检修时，标准工装（样件）在型架上的定位基准。标高板至少应有 3 个。对大尺寸的标准样件，为保证其固定牢固，要用多个标高板。

（3）型架卡板的装配。在安装工装（样件）时，凡是有型架卡板的隔框或翼肋切面处，都带有该切面的实际外形。因此，卡板的安装比较方便、准确、迅速。

按标准工装（样件）装配型架的优点如下：

（1）能保证工艺装备之间良好的协调性；

（2）型架制造周期短；

（3）型架复制方便，且复制型架协调的一致性较好；

（4）便于型架的检修（排故或定检）。

按标准工装（样件）装配型架的缺点如下：

（1）标准样件制造工作量大，生产准备周期长；

（2）尺寸大、笨重，使用搬运不便，易变形；

（3）制造成本高；

（4）标准样件定期检修工作量大。

随着飞机整体结构的比重不断增加，用光学仪器安装型架等新方法逐渐推广应用。然而，对于部件上结构和形状比较复杂的部位，小尺寸的局部标准工装（样件）还在继续使用。

3.1.3.4 按画线钻孔台安装

画线钻孔台是安装有纵向和横向坐标尺的大型平台，可用于准确定位和安装在平面坐标系中的定位孔衬套和其他定位件，主要用于型架卡板的制造（图 3-6）。

图 3-6 画线钻孔台

3.1.3.5 按型架装配机装配

型架装配机是一种精密的空间三坐标机械定位、测量设备，具有 3 组相互垂直的精密坐标尺。国内常用的型架装配机，其每个坐标尺上均有孔距为（200±0.01）mm 的精密孔。由于型架装配机上的 3 组标尺，都只有间距为（200±0.01）mm 的孔，而型架骨架上固定外形定位件的叉耳和接头定位件的位置尺寸，又不可能是 200 的整数倍数，所以还需要借助变距板、金具等附件。利用 3 组坐标尺、变距板、金具等可以准确地确定型架定位件在空间的任意位置。垂直坐标尺则固定在机床的龙门架上，纵坐标尺是固定在可纵向移动的工作台的侧面，台面靠电动机和机械传动机构拖动。

型架装配机主要用来安装型架骨架上的固定内型板、外卡板的悬挂叉耳和接头定位器（图 3-7）。用型架装配机装配型架的典型应用如下：

（1）尺寸小的型架在型架装配机上安装；

（2）尺寸大的型架：梁（叉形接头）在型架装配机上安装，卡板在画线钻孔台上安装；

（3）尺寸大的型架总装，利用安装量规或局部标准样件，水平仪调整，快干水泥固定型架的梁。

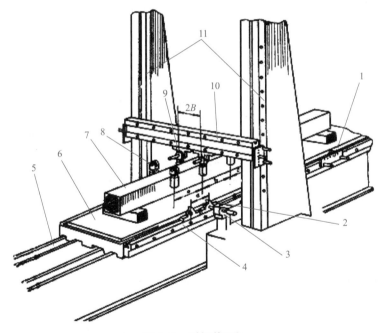

图 3-7　型架装配机

1—定距板；2、3—定距接头和支架；4—纵标尺；5—导轨；6—台面；
7—纵梁；8—叉耳；9—金具；10—横标尺；11—垂直标尺

用型架装配机装配型架具有如下优点：

（1）不需要制造大尺寸标准样件，只对形状复杂、协调要求高的部位采用局部标准样件；

（2）型架装配机是机床化的设备，对中、小型框架可整体安装，效率高。

型架装配机是一种机械定位装置，受温度变化、刚度等的影响，安装的准确度受到限制，大型装配型架的检修比较困难，存在以下缺点：

（1）由于型架装配机尺寸的限制，不能用于大型分散式型架的安装；

（2）装配型架机本身的准确度不够；

（3）大型装配机，定期检修困难。

3.1.3.6 按光学仪器装配

20世纪50年代发展出了一种以光学仪器的视线为基准的型架安装方法。以光学视线作为基准线来安装型架十分准确，而且，型架的尺寸和结构形式不受限制，这种方法后来成为装配型架的主要方法。

通过光学仪器（图3-8）及附件或长杆千分尺等建立空间直角坐标系，控制空间6个自由度，确定型架元件在空间中的准确位置，然后通过支撑调整机构把型架元件调整到准确位置并加以固定。

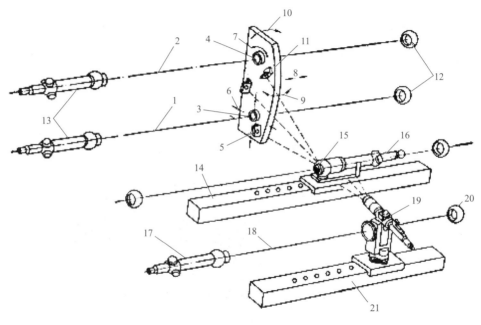

图 3-8 光学仪器结构

1—基准视线；2—辅助视线；3、4—目标；5—垂直位移；6—横向位移；7—绕纵轴转动；8—纵向位移；
9—绕竖轴转动；10—绕横轴水平转动；11—侧面目标；12—球体目标；13—准直望远镜；14—工具轴；
15—零距直角头；16、17—准直望远镜；18—辅助视线；19—坐标经纬仪；20—球体目标；21—工具轴

使用光学仪器装配型架时，在型架的一端安装一台准直望远镜，在另一端安装一个目标，使准直望远镜对准目标中心，就可以建立一条光学视线。用第一条光学视线（主视线）可以控制定位件的2个自由度，即垂直位移 Z 和横向位移 Y。用第二条光学视线可增加1个自由度的控制，即绕第一条光学视线（X 轴）的转动。

定位件沿光学视线的纵向位置 X，可以用平行于光学视线的工具轴确定，也可以用其他长度测量工具，如长杆千分尺或精密带尺确定。

其余2个自由度，即绕竖轴 Z 和横轴 Y 的转动，可以用工具轴上安装的坐标经纬仪或

带光学直角头的准直望远镜扫描的与光学视线像垂直的平面来控制。

用光学仪器安装不像型架装配机或标准样件那样同时可以解决型架定位件安装时的支撑问题。因此，还需要配备便于定位的夹持和调整装置。此外，观察光学仪器和调整定位件需要由两个人配合进行，若配合不好，既影响工作效率，又影响安装准确度。

3.1.3.7 利用光学工具坞装配

为了克服使用光学仪器时操作效率低和大距离测量精度低的缺点，20世纪60年代，在型架安装中开始用光学工具坞（图3-9）发射的激光光束代替光学视线。

用激光光束作为安装型架的基准线有许多优点。由于激光是有色的可见光，便于操作寻找目标和观测，因此，用激光光束作为基准线，既具有拉钢丝的直观性，又具有光学视线的准确性。激光光束还具有良好的方向性，发散度比较小，在型架装配所需的距离范围内，光束的直径基本不变，因此，对大距离的测量比较准确。

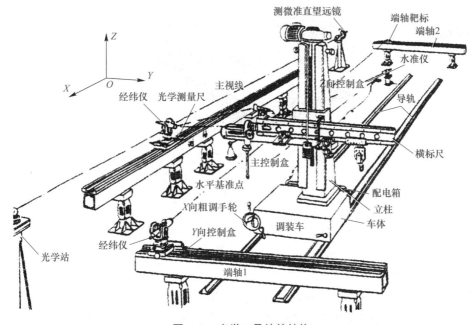

图 3-9　光学工具坞的结构

3.1.3.8 利用激光准直仪装配

激光准直仪是由激光器作为光源的发射系统、光电接收系统及附件三大部分组成，将激光束作为定向发射而在空间形成的一条光束作为准直的基准线，以标定直线的一种工程测量仪器。采用激光准直仪可以在装配的过程进行自动对准，提高整体的光学系统的精度和性能，并且减少工程师装配过程中的难度和工作量。优点：准确度高，安装效率高；缺点：受环境温度、气流的影响。采用激光准直仪的型架安装机，如图3-10所示。

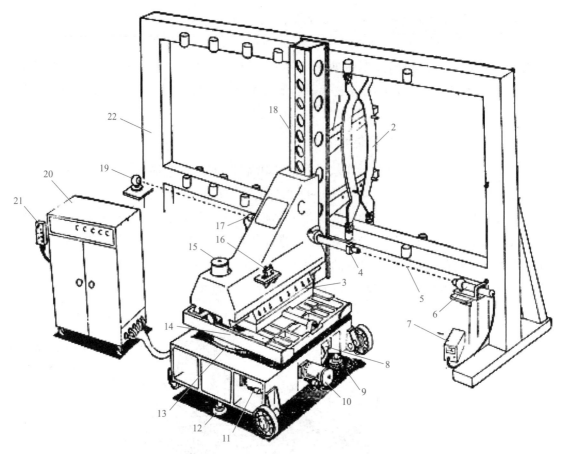

图 3-10　采用激光准直仪的型架安装机

1—横标尺；2—型架卡板；3—横向拖板；4—前目标；5—激光光束；6—激光准直仪；

7—电源箱；8—千斤顶Ⅰ拖动电动机；9—千斤顶Ⅰ；10—转盘拖动电动机；11—千斤顶Ⅲ拖动电动机；

12—千斤顶Ⅲ；13—转盘；14—纵向拖板；15—横向拖动电动机；16—电子水准仪；17—后目标；

18—立柱；19—球体目标；20—电气控制箱；21—手动控制盒；22—型架

3.1.3.9　利用激光跟踪仪装配

随着产品的要求越来越高，以上几种方法越来越难以达到要求。同时，数控加工的应用范围越来越广，型架的装配方法也逐步发展为数字化，因而利用激光跟踪仪装配型架已经应用得越来越广泛。

激光跟踪仪是一种高速、高精度的三维空间测量装置，它将水平和垂直方向的角度测量与距离测量结合在一起，建立了采点反射镜的 3D 坐标系，该坐标可以转换到任意工装或零件的坐标系统；激光跟踪仪内的高速电动机实现了完全自动的测量，位置探测器保证仪器的高速跟踪能力。当操作者移动反射镜时，激光跟踪仪会实时"跟踪"并以三维坐标的形式报告反射镜的准确位置（图 3-11）。

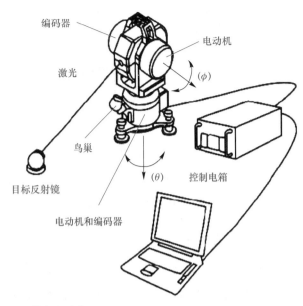

图 3-11　激光跟踪仪

激光跟踪仪主要由跟踪头、目标反射镜、控制电箱和测量软件构成。装配型架所有定位件均按数字化定义，并在定位件上预先制出几个高精度目标孔。首先利用激光跟踪仪建立空间坐标系统，即增强基准参考系统，它是型架坐标系和飞机坐标系的基础（图 3-12）。然后将定位件调整至理论坐标位置，通过数字定义完成整个型架的安装。这种方法省略了多个环节的累计误差，精度高且利于检修。

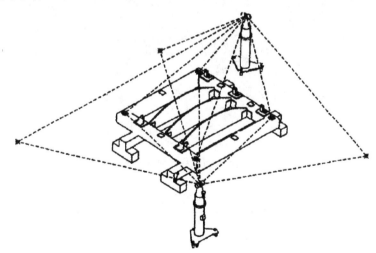

图 3-12　激光跟踪仪建立型架坐标系

■ 3.1.4　型架装配调整

装配型架的过程需要经常调整，各元件贴合面大多采用加垫片补偿的方式。当贴合面为平行的精加工平面时，采取增加钢垫的方式调整。当贴合面是双倾斜平面时，大多采用快干水泥或环氧水泥进行填充补偿（图 3-13）。

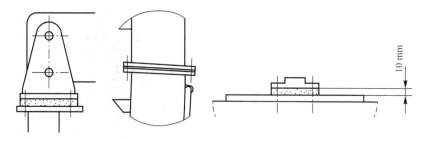

图 3-13　水泥补偿方法

对于产品装配过程中上架、出架过程中需要拆卸的型架元件应当特别标记。尺寸较小的应当保存在存放箱，连接螺栓或定位销应用细钢丝拴在连接部位或定位部位附近。

【任务实施】

图 3-14 所示为某通用飞机的机翼装配型架。结合前面学习的知识，请认真思考：该机翼装配型架由哪些部件组成？按照怎样的顺序组装该型架？型架的组装有哪些要求？型架组装过程中出现超差如何处理？完成表 3-1 所列的任务。

图 3-14　某通用飞机的机翼装配型架

表 3-1　任务实施要点

【任务名称】型架装配基础
【任务实施基本要求】

82

工序	工作步骤	实施要点（列关键作业点）
型架装配基础	型架装配的一般要求	
	型架装配流程	
	型架装配方法及其适用范围	
学习小结		

【巩固提高】

1. 简述型架装配一般要求。

2. 简述型架装配流程。

3. 列举常用型架装配方法。

4. 对比几种利用光学原理装配型架的方法的特点及其适用范围。

5. 列举常用的型架装配调整方法。

任务 3.2 采用光学工具装配型架

【任务引入】

型架的装配过程即确定型架元件在型架结构上的空间定位。通常用高效率的通用设备定位型架组件，再用光学设备将组件总装为一套完整的型架。采用光学工具安装的型架结构要适应光学工具安装的要求。

【任务分析】

本任务的主要目的是帮助读者了解与光学设备装配型架相关的一些术语和定义，掌握型架安装自由度分离原则、准备工作和典型的安装方法。

【知识学习】

3.2.1 术语和定义

1. 光学站

光学站是定位光学工具的基准。用来确定球体中心位置的基准称为球体光学站（简称光学站或站）。光学站按其结构可以分为活动站和固定站，按其与型架结构的关系可分为架内站与架外站。以下主要介绍架内站与架外站。

（1）架内站。架内站建在型架的骨架元件上，与骨架元件连接形式可以是固定的，也可以是可卸的（图 3-15）。在多支点型架中，光学站一般放置在支点上方。

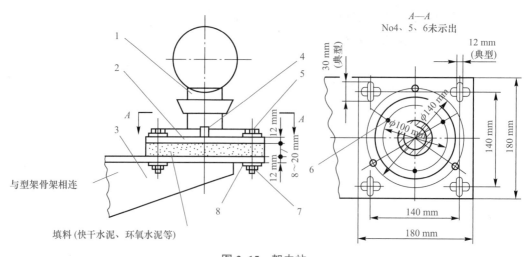

图 3-15 架内站

1—球体座；2—上部底板；3—支架；4—顶丝；5、6—螺栓；7—螺母；8—垫圈

架内站多用于中、小型型架，多支点型架，如翼面、舵面型架等。具有节省占地面积、不受地基变形的影响等特点。

（2）架外站。架外站不建在型架的骨架元件上，具有独立的基础，如图 3-16 所示。

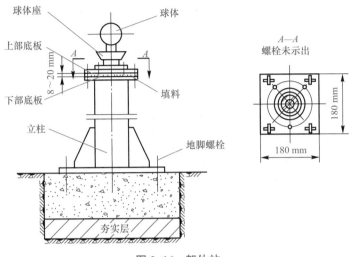

图 3-16　架外站

架外站多用于大型型架，尤其是分散式结构型架，如对合台、精加工台、水平测量台等，具有便于安装工具轴和建立辅助视线，占地面积大，地基变形使视线与型架变形不一致等特点。

2. 光学视线

光学工具的视轴称为光学视线。在光学工具安装型架中，常以光学站球体中心的连线作为光学视线（以下可简称视线）。视线按其分布形式可分为单视线、双视线、矩形视线、三角视线、空间视线等样式（表 3-2）。

表 3-2　光学视线类型

名称		几何特点	应用范围
单视线		水平、铅直、倾斜	简单型架，如梁、前缘、小型壁板型架 检查标准工艺装备
双视线	双直	水平面、铅直面内两视线相互平行	中型板件、翼面等型架
	直斜	水平面、铅直面	剖面变化较大的中型板件、翼面等型架
	L 形	水平面，两视线相互垂直	平面形状为矩形的型架
矩形视线		4 个光学站在水平面内，视线构成矩形	复杂大型架 如机身总装型架
三角视线		在同一水平面	尾翼、平衡台型架

名称		几何特点	应用范围
空间视线	双矩形	6个光学站构成两个相互垂直的平面	复杂大型型架 分散式型架
	梯形＋矩形		
	复杂	根据安装对象可以任意布置在水平面、铅垂面和倾斜面	复杂大型型架的安装测量

视线按其功能分为基准视线与辅助视线。基准视线是在光学坐标系统中，首先建立并作为建立其他视线的依据的一条光学视线。基准视线是整个型架安装、测量过程的基准。辅助视线是根据基准视线所建立的一些视线。

■ 3.2.2 装配准备

3.2.2.1 选择视线

1．选择视线的原则

（1）视线的设计主要取决于型架的结构、安装工艺和设计基准。

（2）视线应既能满足装配要求又能保证视线和转接环节最少。

（3）尽量把视线布置在水平面或铅垂面内。

（4）在满足使用要求前提下视线的纵向站距应尽量小。

（5）视线布置应保证建站方便。

（6）在观察方便时视线应尽可能设计得低一些。

（7）站距应尽可能设计成 50 mm 的倍数。

2．选择基准视线的原则

选择基准视线的原则，除遵守选择视线的原则外，还应遵守如下原则：

（1）选择通过被安装元件最多的视线。

（2）选择建立辅助视线容易，转接误差小的视线。可以直接从基准视线建立辅助视线。

（3）能以较少的辅助视线满足安装测量要求。

（4）一般要设计成水平的或铅垂的。

（5）应与型架的设计基准重合或平行。

3.2.2.2 建立光学坐标系

光学坐标系是由光学站、光学视线所构成的平面或空间坐标系，作为型架、标准工艺及其他产品的加工、安装、测量的依据。为了表达光学坐标系简便，规定了代表符号，见表 3-3。

表 3-3　光学视线符号

序号	名称	代表符号	说明
1	光学视线	———	细实线
2	基准光学视线	J.S	细实线
3	辅助光学视线	F.S	细实线
4	光学站	●———	细实线，圆点直径为 2～3 mm
5	用光学工具保证的尺寸	100▲	在尺寸的右上角打出三角符号，三角符号的大小为尺寸字号的1/2

3.2.2.3　选取光学测量基准

测量基准是在被安装工件上选取的一些点、线、面，它们在光学工具测量时，用来确定工件在空间的位置，如图 3-17、图 3-18 所示。光学工具安装型架的实质就是在光学坐标系中确定这些基准在 6 个自由度方向的位置。

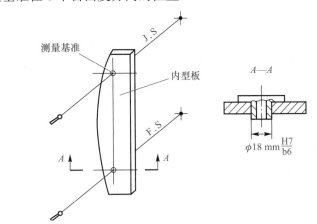

图 3-17　外形测量基准

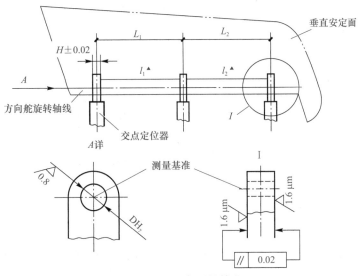

图 3-18　交点测量基准

87

1．测量基准选择要求

（1）测量基准孔（包括目标孔）应选 ϕDH_7，粗糙度不低于 1.6 μm，一般应选择 0.8 μm。

（2）测量基准面的平面度在 100 mm×100 mm 之内不大于 0.01，粗糙度不低于 1.6 μm。如果面使用，其平行度不大于 0.02。

（3）测量基准应具有足够的刚度和尺寸稳定性。

2．测量基准的选择

（1）测量基准应相对集中，使基准加工准确，工艺性好。

（2）在一台型架中，各测量基准选取在同一平面（水平或铅垂平面）中。如不能在同一平面中，则应与基准视线间的距离成 50 的倍数，最好选取为 150、300、500 的倍数。

（3）测量基准的位置应保证测量的开敞性和可达性。

（4）测量基准的数量和形式应足以控制元件的 6 个自由度。

（5）测量基准相对于调整装置的位置，应尽量使测量基准所控制的自由度方向与调整方向一致。

3．光学测量转接工具

当光学视线不通过型架元件时或与型架元件呈一定角度，不能直接用通用光学工具进行测量时，需通过适当的工具进行间接测量，把型架元件与光学视线联系起来。这种工具称为光学测量转接工具（简称转接工具）。转接工具可分为通用转接工具和专用转接工具。

3.2.3　自由度分离

1．自由度分离原理

安装型架元件时必须对元件的 6 个自由度进行调整。为了提高安装效率，减少调整时 6 个自由度的干扰，采取分离自由度的方法来实现。

自由度分离的原则：将被安装元件的 6 个自由度分成两组或两组以上分别调整，互不干扰。如图 3-19 所示，先调整角片即调整托板的 X、θ_y、θ_z 3 个自由度，再在角片平面中调整 Y、Z、θ_x 3 个自由度。

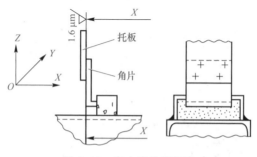

图 3-19　自由度分离原则

2．型架自由度典型控制方法

型架元件共有 X、Y、Z、θ_x、θ_y、θ_z 6 个自由度，型架元件自由度的典型控制方法见表 3-4。

表 3-4 型架自由度的典型控制方法

序号	方法	简图	可控自由度	
			数目/个	自由度
1	一条视线通过一个目标孔		2	Y、Z
2	两条视线通过两个目标孔		3	Y、Z、θ_x
3	一条视线用自准直方法		2	θ_y、θ_z
4	一条视线用自反射目标		4	Y、Z、θ_y、θ_z
5	水平仪（水准仪）		2	θ_x、θ_y
6	两点水准测量		2	Z、θ_x

序号	方法	简图	可控自由度 数目/个	可控自由度 自由度
7	不在一条直线上的三点水准测量		3	Z、θ_x、θ_y
8	用直角头或经纬仪扫描平面		3	X、θ_x、θ_y
9	长杆千分尺测量一点		1	Y
10	长杆千分尺测量三点		3	Y、θ_x、θ_z
11	在工具轴上用直角头或工具经纬仪扫描平面		3	X、θ_y、θ_z

■ 3.2.4 基准元件的选择

一台型架由若干元件组成，选择某一元件首先安装，作为其他元件安装时的基准或建立视线的基准，这个首先安装的元件称为型架安装时的基准元件（简称基准件）。基准元件选择原则如下：

（1）选择协调关系复杂的元件作为基准元件；

（2）选择基准元件的测量基准应与基准光学视线平行或垂直；

（3）选择定位面多的，调整工作复杂的元件为基准元件；

（4）选择位于型架中间的元件为基准元件，型架较长时尤应如此。

3.2.5 具体装配方法

1．直接装配

在被安装元件上，做出相应的测量基准，用光学仪器及各种光学工具直接装配所有的元件。采用此种方法的优点是安装精度高，容易控制自由度，故应用较广泛。

2．借助光学工具的样板装配方法

用光学工具定位样板或切面模型，再按样板或切面模型安装型架元件（图 3-20）。

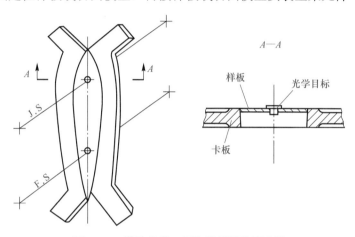

图 3-20　借助光学工具和样板的装配方法

3．借助光学工具、量规、局部模型的装配方法

用光学工具定位量规、局部模型后再按量规、模型装配型架元件（图 3-21）。

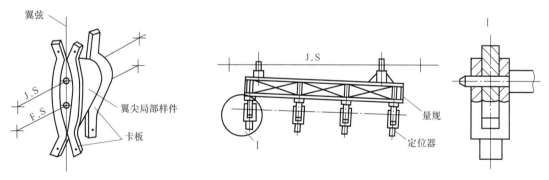

图 3-21　借助光学工具、量规、局部模型的装配方法

4．借助光学工具—转接工具的装配方法

光学工具通过一些通用或专用的转接工具，确定安装型架元件的测量基准的位置。除上述基本方法外，还有一些通用光学工具设备装配方法，如光学工具坞、光学坐标系、激光准直自动安装机等。

⬗⬗ 【任务实施】

采用光学工具装配型架并完成表 3-5。

表 3-5　任务实施要点

【任务名称】采用光学工具装配型架		
【任务实施基本要求】		
工序	工作步骤	实施要点（列关键作业点）
采用光学工具装配型架	装配准备工作	
	型架元件位置调整时自由度分离	
	选择一种装配方法；列出装配流程	
学习小结		

1. 简要描述采用光学工具装配型架选用视线的原则。

2. 简述如何建立光学坐标系。

3. 简述如何选取光学坐标系。

4. 在对型架元件进行位置调整时，如何分离型架元件的自由度以方便调整？

5. 利用光学设备装配型架时为何要选择基准元件，以及如何选择基准元件？

6. 采用光学设备装配型架的常用方法有哪些？

任务 3.3　采用激光跟踪仪装配型架

【任务引入】

随着航空产品的质量要求和精度要求越来越高，传统型架装配方法越来越难以满足要求。同时，数控加工的应用范围越来越广，型架的装配方法也逐步发展为数字化，因而利用激光跟踪仪装配型架已经应用得越来越广泛。激光跟踪仪的工作原理是什么？如何借助激光跟踪仪装配型架？其装配流程是怎样的？需要做哪些准备工作？针对具体型架元件的装配方法有哪些？采用激光跟踪仪装配型架作为一种数字化手段，如何处理数据等？

【任务分析】

本任务的主要目的是带领读者掌握激光跟踪仪装配型架的方法，包括理解激光跟踪仪的工作原理，了解激光跟踪仪装配型架的工艺流程，了解激光跟踪仪装配型架的准备工作和注意事项，掌握激光跟踪仪装配型架元件的具体方法，了解激光跟踪仪装配型架的复查方法及提供装配准确性的措施，了解激光跟踪仪的数据输出，了解型架装配完毕后的检查验收标准。

【知识学习】

3.3.1　基础知识

3.3.1.1　激光跟踪仪的工作原理

利用激光跟踪仪装配型架，要求型架所有定位件均需按数字化定义，并在定位件上预先制出几个高精度目标孔，然后利用激光跟踪仪建立的空间坐标系统将定位件调整至理论坐标位置，通过数字定义完成整个型架的装配。这种方法省略了多个环节的累计误差，精度高且利于检修。

激光跟踪仪主要由跟踪头、目标反射镜、控制电箱和测量软件构成。利用激光跟踪仪装配型架首先需要建立空间坐标系，即增强基准参考系统，保证建立的坐标系的包容性和稳定性，它是型架坐标系和飞机坐标系的基础。激光跟踪仪是一个球坐标测量系统，以其回转中心为坐标原点，建立测量坐标系。

激光跟踪仪需要测量的型架元件通常需要目标孔，激光跟踪仪的工作原理是在建立的型架坐标系内将激光靶球直接放置在型架元件的目标孔位置，利用激光放射和激光干涉原理，得到该位置的 x、y、z 3 个坐标数据（图 3-22、图 3-23）。

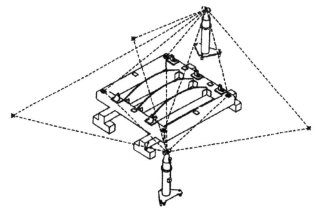

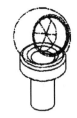

图 3-22　激光跟踪仪建立型架坐标系　　　　　　　图 3-23　激光靶球

如图 3-24 所示，P 为被测点，通过激光干涉测距测量间距 L，利用两个角度编码器分别测量水平方位角 α 和竖直方位角 β，即可通过以下公式确定被测点 P 的空间坐标（x，y，z）。

$$\begin{cases} x = L\sin\alpha\sin\beta \\ y = L\cos\alpha\sin\beta \\ z = L\cos\beta \end{cases}$$

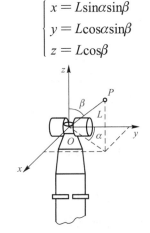

图 3-24　激光跟踪测量原理

通常每个型架元件包含 3 个目标孔，因而共得到 9 个坐标值，只需将其中 6 个值调整到理论位置，该型架元件也就被固定到正确的位置。当然，在 9 个坐标值中选择合理的 6 个坐标值，还需要符合"三二一原则"，即第一个目标孔保证三个坐标值正确，第二个目标孔保证两个坐标值正确，第三个目标孔保证一个坐标值正确，正好得到六个坐标值，其余三个坐标值仅作为参考值。

3.3.1.2　相关术语和定义

（1）基准光学工具点 ROTP（Reference Optical Tooling Point）：用于建立工装初始坐标系的控制点，一般由工装数模给出。

（2）基准工具球点 TB（Tooling Ball）：用于建立工装初始坐标系的控制点。在实际安装型架的过程中，通常还会给定激光靶球的中心点位置。

（3）光学工具点 OTP（Optical Tooling Point）：用于确定工装元器件定位特性的控制点。

每个 OTP 均包含 x、y、z 3 个方向的坐标值，由工装数模给出。

（4）增强参考系 ERS（Enhance Reference System）：工装在制造安装过程中，从已有坐标系转化的或为计算机辅助测量（CAMS）系统专门产生的、为整个工装寿命建立的永久坐标系。

（5）增强参考点 ERP（Enhance Reference Points）：工装在制造安装过程中，为生成增强坐标系而建立的控制点。众多的 ERP 按一定的方式拟合，形成一个增强坐标系。

（6）球形安装反射器 SMR（Spherically Mounted Retro-reflector）：激光跟踪仪的光学目标，也叫作激光靶球。球形安装反射器和球座配合形成激光测量靶标。

（7）主要平面（Main Mlane）：对工装定位型面空间位置准确度影响最大的平面。主要平面的选取方法如下：通过比较装配工装定位型面在飞机坐标系中 xy 平面、yz 平面及 xz 平面内的投影面积，选出投影面积最大的平面即为主要平面。

3.3.1.3　光学工具点的设置

OTP 一般设置在主要平面上设置上，并遵循"三二一原则"进行定位。例如，首先选取 OTP_1 中 x_1、y_1、z_1 作为控制基准，然后选取 OTP_2 和 OTP_3 中的 z 坐标作为控制基准，最后在 OTP_2 或 OTP_3 中选取 x 坐标作为控制基准。

一个空间物体有 6 个自由度，定位物体位置即确定物体的 6 个自由度。在设计型架定位器时，应对 6 个自由度进行分离，即当调整某个自由度时，其他自由度不发生变化。根据空间直角坐标系互相垂直的原理，通常采用 3 个角板和 1 个平板的组合结构进行解决。

为方便激光跟踪仪测量 OTP，一般 OTP 按下列要求设置。

1. 在平面上设置 OTP

在定位平面上设置 3 个 OTP，安装 OTP 目标的衬套孔中心到平面边缘的最小距离为 10 mm，OTP 目标中心到平面的距离为一定值，OTP 目标间的最小距离为 40 mm。当零件上的定位面的尺寸不能使 OTP 之间的距离达到 40 mm 时，在定位面上设置两个靶标安装孔，其中一个孔按"工装元件孔"设置 OTP（图 3-25）。

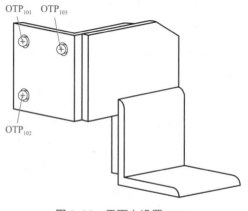

图 3-25　平面上设置 OTP

2. 在工装元件孔上设置 OTP

工装元件上 OTP 的安装面小于 40 mm×40 mm 时，需设置一个用于安装靶球的工艺孔（该平面有孔时可直接借用），利用测量杆调整安装工装元件。在该工艺孔的轴线上设置两个 OTP。第一个 OTP（OTP_{104}）与定位面的垂直距离为一定值，第二个 OTP（OTP_{105}）与定位面的垂直距离根据所用测量杆确定，这两个 OTP 用于确定定位孔的轴线方向（图 3-26）。

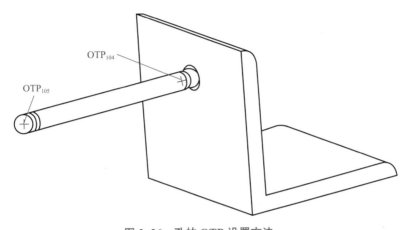

图 3-26　孔的 OTP 设置方法

3. 圆轴类定位器 OTP 设置

圆轴类定位器 OTP 应设置在轴类零件的中心线上，位于轴类零件上的两端。通过控制轴的长度和 OTP 孔与轴外径的同轴度，实现产品高精度定位，如图 3-27 所示。圆轴类定位器 OTP 坐标值的选取应符合"三二原则"，即主要工作面上 OTP 的 x、y、z 坐标值都选用，另一端面上的 OTP 选取 2 个坐标值即可。

4. 圆孔类定位器 OTP 的设置

圆孔类定位器根据具体结构形式设置 OTP，如图 3-28 所示。

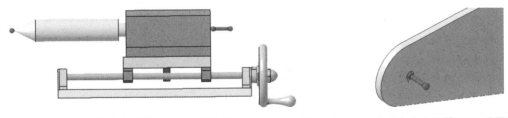

图 3-27　圆轴类定位器 OTP 设置示意图　　**图 3-28　圆孔类交点孔定位器 OTP 设置示意图**

5. 长圆孔类定位器 OTP 的设置

确定长圆孔位置 OTP 的设置方法与确定定位孔位置的方法相似，主要差别在于应给出长圆孔的方向。在长圆孔的理论中心线（长度与宽度的中心交线处）上设置两个 OTP。第一个 OTP（OTP_{109}）与定位面的垂直距离为靶标后退量，第二个 OTP（OTP_{108}）与定位面的垂直距离为所用测量杆的长度，OTP_{108} 和 OTP_{109} 用于建立长圆孔的理论方向上的向量（图 3-29）。

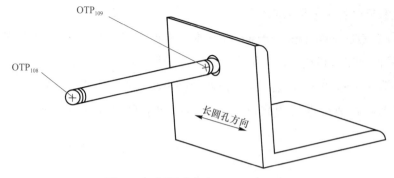

图 3-29　长圆孔类定位器 OTP 设置

■ 3.3.2　工艺流程

激光跟踪仪装配型架典型工艺流程如图 3-30 所示。

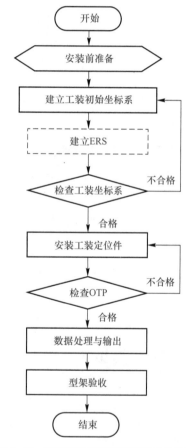

图 3-30　激光跟踪仪装配型架工艺流程

■ 3.3.3　装配准备

激光跟踪仪应作为一种精密测量仪器，对环境变化敏感。为保证仪器达到最佳工作状态，使用前严格按规定进行预热、校准、标尺测量等，保证其满足测量要求。在实际测量时，考虑温、湿度的变化进行补偿。

1．环境控制

（1）激光跟踪仪的工作环境温度为 4 ℃～ 35 ℃，测量时应控制室内温度基本恒定（温度变化不超过 5 ℃）。

（2）使用前，应将设备与被测工件一起进行温度平衡，恒温时间不应低于 1.5 h。

（3）严格控制测量时的温度，温度变化超过 5 ℃时应重新测量基准，并根据型架的结构、体积大小及现场的实际情况、基准转换情况对是否适合继续测量工作做出判断。

（4）使用高度应控制在海拔 0 ～ 5 000 m，相对湿度控制在 10% ～ 95%。

（5）测量区域无振动、无明显气流、无强电磁，并避免强光直射。

2．仪器准备

（1）仪器应进行充分预热，在实际测量时，考虑温、湿度的变化，进行必要的修正。

（2）按使用手册对激光跟踪仪进行适当的调节、校准，满足测量要求。

3．建立工装初始坐标系

按工装图纸的要求通过坐标基准点建立标准温度下的工装坐标系。首先，测量基准统一，无论激光跟踪仪放在被测件附近的哪个位置，都能使测量工作始终在工装坐标系下进行；其次，测量数据一致，无论任何时候在工装坐标系下，激光跟踪仪测量的目标点数据（坐标值）始终是标准温度下的数值，不受测量环境温度变化的影响，使测量数据始终保持一致。

建立工装初始坐标系时，ROTP 设置方法如下：

（1）对于整体框架式型架，在框架上设置 ROTP，建立工装初始坐标系。

（2）对于分散组合式型架，在型架组合基座上设置 ROTP，建立工装初始坐标系。

4．检查工装坐标系

在工装 ROTP 安装完成后，应按照相关要求布置 ERP，建立初始坐标系时一并建立 ERS，保证这些测量点满足使用要求，验证工装坐标系是否符合工装图样要求。

■ 3.3.4 装配工装元件

根据提供的 OTP 坐标值，装配工装元件。根据提供的靶点坐标值，装配工装定位元件（平板、卡板、外形板、钻模板等）。安装时应考虑工装元件的通路、光学视线，通常情况下应从里到外安装。

若在某次测量中，测量工件发生移动，就需要进行精确地转站来保证测量的精度，具体方法如下：

（1）工具球最佳拟合建坐标系：通过将一组用工具球测量的点映射到相应参考数据点的方式进行跟踪仪重新定位。

（2）固定点最佳拟合建坐标系：通过将一组用固定点测量的点映射到相应参考数据点

的方法进行跟踪仪重新定位。

（3）点云最佳拟合建坐标系：通过把一个已经测量的点云映射到相应参考数据点上的方法来进行跟踪仪重新定位。

■ 3.3.5 复查

1．检查 OTP 和 ROTP 及管理要求

在工装所有元件装配完成后，应对所有按激光测量点安装的工装定位件上 OTP 进行复查，确保其符合工装图样要求。OTP 在安装使用完成后，在工装上应对其进行标记和有效的管理，具体要求如下：

（1）ROTP 采用标牌式管理，型架在调整安装完 ROTP 座后，在每个 ROTP 座旁设置标牌，标牌上标明其编号、实测坐标值，ROTP 编号应与工装图样保持一致。

（2）标牌上每个 ROTP 的 x、y、z 坐标值应至少保留两位小数，ROTP 座在工装制造、使用完成后应有保护措施。

（3）工装元件上应标示出 OTP 的编号，并与工装图样一致。

（4）OTP 采用不干胶标签或漏字模书写式管理，并在 OTP 附近的工装非工作部位标记编号。

2．实测与理论数据对比

利用激光跟踪仪获得型架激光测量点的实测值后，应与型架设计理论数据进行比较、分析，确保安装精度。实测与理论数据对比有以下 5 种处理方式：

（1）比较：通过比较命令实现理论值与实测值的比较，作为验收的标准。

（2）建点：将实测值与理论数据的偏差实时、连续显示在计算机屏幕上。

（3）距离：在实际测量中分析两个几何元素之间的距离、角度等。

（4）基本几何元素拟合：激光跟踪仪系统可以拟合出线、面、圆、球体及圆柱等。

（5）编辑输入输出：测量过程中需要用到理论数据作为参考。测量数据输出到打印机，形成书面报告。

3．坐标转换

在处理数据及验证时需要统一坐标系，这时就需要转换坐标。坐标变换使用的参考点至少为 7 个，坐标系转换的方法主要有以下几种：

（1）比例：变换系统的比例尺；

（2）平移：移动坐标系的原点；

（3）旋转：旋转 x 轴、y 轴、z 轴的方向；

（4）轴对称：通过空间不共线的 3 个点，按照"三二一"原则形成新的坐标系；

（5）最佳拟合（最小二乘法转换）：通过空间不共线的 3 个或 3 个以上的点，拟合形成新的坐标系。

3.3.6 数据输出

1．输出内容

数据处理后应输出测量报告，测量报告内容应包括但不限于下列内容：

（1）工装图号、名称、左右件、派工号等信息；

（2）时间、温度、气压、比例系数、仪器编号、操作者等信息；

（3）测量数据，所有测量数据保留 3 位小数；

（4）对于复杂的测量系统可附图说明。

2．输出要求

（1）测量报告所用坐标系与工装图样所示坐标系一致；

（2）测量报告上所有 ROTP、OTP、ERP 的编号与工装图样或工装上标示相对应；

（3）拟合坐标系的报告与 OTP 的测量报告应分别示出。

【任务实施】

采用激光跟踪仪装配型架的任务实施要点见表 3-6。

表 3-6　任务实施要点

【任务名称】采用激光跟踪仪装配型架
【任务实施基本要求】

工序	工作步骤	实施要点（列关键作业点）
采用激光跟踪仪装配型架	装配工艺流程	
	装配准备工作	
	装配型架定位元件	
	输出安装数据	
	检验	
学习小结		

【巩固提高】

1. 简述激光跟踪仪的工作原理。

2. 解释 ROTP、OTP、ERS、主平面等术语的含义。

3. 简述 OTP 的设置原则。

4. 简述激光跟踪仪装配型架的工艺流程。

5. 采用激光跟踪仪装配型架应做好哪些准备工作？

6. 工件发生移动后的处理方法有哪些？

7. 采用激光跟踪仪完成型架装配后的复查内容有哪些？

8. 采用激光跟踪仪完成型架装配后，需要输出哪些数据？具体要求是什么？

9. 型架装配完成后，应满足哪些验收标准？

飞机装配线

飞机装配包括总装和部装。飞机部装就是根据飞机设计图纸的要求，把飞机结构的各个零件组装成为部件，如机翼、机身等。飞机总装就是将飞机部件组合为一个整体，完成机上设备安装和调试。以 GA20 飞机装配为例。

GA20 是一架 160 马力（1 马力≈ 735 W）、单发四座、固定式起落架的通用飞机，由上海冠一通用飞机有限公司按照国际适航标准自主研制，拥有高安全性、高可靠性，以及卓越的性能、流畅美观的外形和个性化的内饰等优势。该飞机采用了经典构型，金属机身，复合材料座舱顶棚、发动机和起落架整流罩；机翼采用的是半梯形翼；前三点式固定起落架及方向盘式操控杆。其典型零件，如图 3-31 所示。

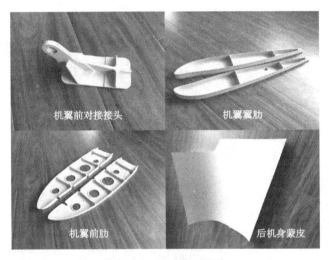

图 3-31　飞机典型零件

飞机不仅外形复杂，而且零件、组件数量极多（大飞机甚至达百万件以上），在装配中对精确度的要求很高，所以需要装配型架。飞机装配所用部分型架，如图 3-32～图 3-34 所示。

图 3-32　机翼装配型架

图 3-33   方向舵装配型架

图 3-34   前机身装配型架

飞机型架检验、使用及维护

【项目简介】

飞机装配过程是一项长期重复的周期性生产过程，而型架伴随着整个飞机制造周期。为了保证所有生产批次飞机的互换性和协调性，并保持相同的准确度和精度，必须正确地使用和维护装配型架。正确地使用和维护装配型架可以使其保持良好的状态，延长寿命，对于保证产品质量、提高生产率至关重要。

【学习目标】

1. 知识目标

（1）掌握飞机型架的一般检查要求；

（2）掌握飞机型架的使用方法；

（3）掌握飞机型架的日常维护方法；

（4）掌握飞机型架日常使用中的注意事项等。

2. 能力目标

通过本项目内容学习，掌握飞机型架的检验、使用和维护方法，能够从事飞机型架的调试、使用、维护、检测及生产现场管理等工作。

3. 素质目标

掌握一定的学习方法，培养良好的职业道德和职业素养，磨砺精益求精的工匠精神，养成质量意识、环保意识、安全意识、创新意识，形成较强的集体意识和团队合作精神，能够理解企业战略和适应企业文化。

任务 型架的检验、使用与维护

【任务引入】

型架作为飞机装配生产线上的最重要工装，伴随着飞机型号的全生产周期，保证飞机的装配质量和精度，对于飞机至关重要。对于初次投入使用的型架，如何检验其是否满足使用要求？初次接触飞机装配型架的操作人员，如何正确地操作型架？对于长时间使用的型架，如何对其进行检验和维护，使其在使用周期内保持规定的精度？

【任务分析】

本任务的主要目的是使读者掌握型架使用的注意事项：初次交付的型架应进行检验和验证；初次接触型架的操作人员应熟悉型架使用手册和操作方法；型架投入使用后应定期对其进行检查，杜绝损伤和缺陷，及时排除故障；生产过程中正确使用型架，禁止强迫装配；对于一些特殊型架，应严格遵守使用要求；定期对型架进行维护，保证其正常使用且精度满足飞机产品装配要求。

【知识学习】

4.1.1 型架质量检验

对于初次交付的型架，必须对照设计图纸认真核对零件的外观、材质、数量等，检查产品合格证，经设计、工艺、检验和装配人员确认后方可进行型架组装。

在型架组装前，必须清理装配现场多余的零件、标准件和其他物品。现场工装、量具、工具等物品定位摆放，装配完成后设备设施回归原位，并一一对应点检。若需使用标准件，按设计图纸和工艺定额领用（标准件号及数量必须符合图纸）。发、领双方应认真核对并签字确认，并保存好领用单。在装配过程中如发现标准件损坏，必须以坏换新，并做好记录。若装配过程中发现零部件遗失或多余的，必须停工检查，查清原因，填写记录。

在型架装配过程中，必须严格按照图纸工艺执行，不得擅自更改，遇特殊情况需要临时更改时，必须经设计人员在装配记录表上签字同意，检验员确认后方能更改，并做好更改记录。

完成组装的型架严禁私自拆装。在型架进行正式投入飞机装配前，需要进行产品的试用验证、稳定性验证，并经过现场返修和完善更改后，方能进行产品正式生产的装配制造。

交付使用的型架需按工装证明书或工装合格证上的要求定期检修，检测合格或维修合格后方可继续使用。

型架验收应满足以下要求:

（1）检验员将最新版次的有效工装图样与型架零件质保记录、数控测量报告及型架测量员提供的书面输出报告作为最终的验收依据。

（2）检验员现场对型架进行验收。对所有工具球点进行实际检测验收，以确定其是否符合图样及相关技术文件等。

（3）对型架其余方面按相关文件及规定进行总体验收。

■ 4.1.2 型架使用的注意事项

1．初次使用

初次使用型架的操作人员在使用前一定要认真阅读型架使用手册，熟悉型架的性能、使用要求和操作方法，特别是型架的工作原理、关键定位件的作用、产品的放置状态、上出架形式和使用注意事项等。

2．日常使用

（1）每次工作前应检查型架上的定位件、压紧件等是否处于良好的工作状态，卡板型面有无损伤、变形等缺陷，活动部位是否灵活，之前的故障是否排除等。

（2）使用中不允许强迫装配。例如，定位件与接头孔在定位夹紧或松开的过程中，一般用手进行，如果确实很紧，允许用木榔头轻轻敲打。

（3）装配工作中应尽量可能少打开卡板，一般操作流程是：打开一块卡板，铆接一个肋，铆接后合上卡板，再打开另一块卡板铆接下一个肋。这是因为装配过程中产品在钻孔、铆接等冲击作用下易变形，用尽可能多的卡板固定产品可保证其外形，因此卡板要轻放，防止变形；其次，卡板打开会占用大量空间，尽量少打开卡板可保证装配施工通道畅通。

（4）当使用转动夹具时，产品零件应定为可靠，翻转后立即锁紧夹具。

（5）压紧件应压在产品零件的中间部位，压紧后使产品零件与定位面贴合，不允许产品零件单边接触，压紧要牢固，在钻孔铆接过程中不会因振动而松动，但也不能力量过大，以免飞机零件产生变形。

（6）工作梯上不得随意放置工具，防止高空坠物伤及产品和操作人员。

（7）产品上架、出架过程中，注意松开产品部件的全部约束，确保畅通无阻，防止撞伤产品或其他意外事故发生。

■ 4.1.3 型架定位零件

（1）按装配指令要求将各定位元件放置于工作位置，并将压紧件退到非工作位置。

（2）按装配指令规定的顺序将零件或组合件装到定位件上。

（3）定位及压紧被安装零、组件、叉耳接头时要注意两侧间隙是否相等，工艺垫片是否已经垫好。一般零件用基准面定位，使基准面与定位器紧密靠合，然后用压紧件压紧。

（4）画线或按导孔钻固定孔，用定位销做临时固定。

■ 4.1.4 型架固定零件

（1）安放固定螺栓进行固定时，应避免划伤零件表面，特别是蒙皮表面，可使用非金属材料做的垫圈保护产品表面。

（2）固定顺序与铆接顺序方法一样，可用中心法或边缘法进行固定，以免连接件产生鼓起和波纹等变形。

（3）固定的距离，即固定点的数量由产品的形状和外廓尺寸大小而定。对于曲面形状、刚性较弱件和外形准确度要求较高的部位，所用固定铆钉或穿心夹的数量要多。

1）平面形状件。刚性好时，固定距离一般取 200～300 mm；刚性差时，固定距离取 100～200 mm。

2）单曲面件。刚性较好时，固定距离取 100～200 mm；曲率半径较小（如机翼、尾翼前缘）而刚性较差时，固定距离取 50～100 mm。

3）双曲面件。曲率变化大的部件，要每隔一个孔就固定一点，即进行密集性固定。

（4）在型架内进行固定铆接的要求。零件按型架定位并修配好后，进行固定铆接，使零件固定牢靠。装配件具有一定的刚度，装配件从型架中取出后，零件之间应不串位和产生较大的变形。

（5）在型架内预装配的固定要求。先进行初步固定，即用中心法或边缘法顺序要求，在铆缝上放置穿心夹或固定螺栓。然后在初步固定点之间，按连接件的形状、尺寸大小和刚性再增加固定点。对于超薄壁结构件和密封铆接件，在用中心法或边缘法进行初步固定时，一般都采用密集性固定，即每隔一个孔就固定一点。除防止变形，还便于插钉。进行二次装配时，一定要按原固定孔固定。

■ 4.1.5 型架装配的注意事项

（1）使用型架前需要看懂工装图样，了解各定位器、压紧件的功用。

（2）注意型架所标志的航向、构造水平线、对称中心线、弦线、各种轴线、切割线等，以便检查定位的正确性。

（3）注意左右对称零件不要装反。

（4）零件定位压紧后，必须与定位件紧密贴合。

（5）有工艺垫片的，要注意在骨架与卡板之间加上工艺垫片。

（6）型架的定位件、压紧件等如有尖角部位要采取防护措施，以免磕伤、碰伤零件。

（7）型架各配合部位如使用不灵活，应注油润滑，不能用铁锤用力敲打。

■ 4.1.6 型架的维护

（1）型架应指派专人负责。

（2）基准元件（如工具球座）应安装保护罩。

（3）注意保证型架上的元器件完整无损，可卸件应有钢丝拴在型架机体上，防止型架元件遗失或在使用过程中坠落。

（4）不允许擅自拆卸型架上任何元件或敲打定位件、卡板型面或水泥固定部位。

（5）型架上不允许堆放杂物，表面不得随意涂写。

（6）对于活动部位（如钢索、滑轮、压紧件、千斤顶、导轨等）应涂刷润滑剂或加油封。

（7）按照工装证明书或工装合格证上的要求申请定期检修。

（8）型架定期检修需要如实记录，并打出标记及下次定期检修的时间，保持型架的周期性维护。

【任务实施】

型架的使用和维护的任务实施要点见表4-1。

表4-1　任务实施要点

【任务名称】型架的使用和维护		
【任务实施基本要求】		
工序	工作步骤	实施要点（列关键作业点）
型架使用	型架交付检查	
	阅读型架使用手册，掌握型架使用方法	
	装配操纵前检查型架	
	使用中的注意事项	
型架维护	负责人	
	基准元件保护	
	活动元件保护	
	周期检查	
学习小结		

【巩固提高】

1. 型架交付前应完成哪些准备工作？

2. 初次使用型架的操作人员应满足哪些能力要求？

3. 每次装配操纵前，应进行哪些型架检查工作？

4. 列举飞机型架装配过程中的注意事项。

5. 型架是否需要安排专人负责维护？

6. 列举一些具体的型架维护措施。

知识拓展

飞机装配工艺纪律

1．工艺纪律的要求

工艺纪律是企业在产品生产过程中，为维护工艺的严肃性，保证工艺贯彻执行，确保产品的质量和安全文明生产而制定的有约束性的规定。飞机装配工艺纪律要求飞机产品在研制、生产过程中应严格遵守飞机装配工艺技术制度、技术规范、技术文件所规定的工作程序和要求。国内航空工业制造企业工艺纪律的一般要求如下：

（1）为了建立和维护企业正常的科研、生产秩序，必须对工艺纪律的执行进行定期检查和不定期检查，并将其作为总工艺师系统的一项日常工作。

（2）负责主管工艺、质量保证、生产管理工作的部门和各类工作人员（包括操作工人）都应履行职责，遵守各项工艺技术制度和技术文件的规定，积极配合工艺纪律检查，认真做好工艺纪律检查和考核，并及时纠正不规范行为。

2．对飞机装配操作人员的要求

（1）必须严格按照图样、工艺规程、装配指令、生产说明书、技术文件进行操作。

（2）遵守首件三检制度，按图样画线后提交检验检查，经检验检查合格后方可制孔，以防止孔位超差，制孔后要按照规定去除毛刺并清除夹层内的材料屑。

（3）铆接时要保护构件表面，修合蒙皮余量时要画线准确，勤试装防止间隙超差。

（4）工作时，严禁将工具直接放在产品上，防止零件（蒙皮）划伤。

（5）严禁在砂轮上打磨零件或非金属材料。

（6）前道工序完毕后要及时交检，方可进行下道工序。

3．工艺装备的使用与维护

工艺装备简称工装，是指在产品加工生产前，根据工艺要求，所进行的通用设备选型、通用工位器具的选型；专用设备设计、制造；专用刀具、专用夹具、专用辅具、专用模具、专用工具、专用检具、专用量具等工位器具的设计、制造。工装是航空企业不可缺少的一个重要组成部分，绝大多数企业设置有专门的工装部门，或在技术部门、生产准备部门等设置有专职负责工装的工程师。工装使用与维护的基本要求如下：

（1）工装在使用前需验证工装的有效性。

（2）工装使用者应持工艺规程到工具室借用，并在借用卡片上签字。

（3）安置在库外生产线上的专用工装应有专人负责，应将责任者的姓名以标牌形式挂在工装上，并在工具室备案。

（4）工装要正确使用，不准违章操作，如用金属锤敲击、锉修、强烈颠簸，随意拆卸、改装、分解挪作他用，抛投、拖和撬等。

（5）固定在生产线上的大型工装在每完成一架份产品后，应对工装进行一次维护；对于从工具库借出来的小型工装，在送还工具库前应进行一次维护。

（6）工装的维护包括对工装进行一次彻底的清扫，清点可卸件和松动件，擦去滑动面上的油污，重新涂上干净的润滑油。

4. 设备的使用与维护

设备是指工业购买者用在生产经营过程中的工业产品，包括固定设备和辅助设备等。设备有通用设备和专用设备。这里所说的设备通常特指航空专用设备。设备的使用与维护要求如下：

（1）操作者在使用设备前要认真检查设备是否完好。

（2）进行加工前要进行试车、查看设备运转是否正常。

（3）在专用设备上不得加工其他不应加工的物件。

（4）严格按设备操作程序进行，不得顺意拆卸、敲击、改装、分解设备上的零件。

（5）当设备发生故障时，立即停止工作，找有关维修人员进行检查排故。

（6）经常擦拭设备，每次使用完后必须认真清除设备上的金属屑、油污和杂物。

（7）擦拭后的设备应添加润滑油。

（8）有的部位应用防尘用品遮盖。

（9）要经常保持设备始终处于完好的状态。

5. 测量设备的使用和维护

测量设备的使用要求如下：

（1）测量设备的使用者必须按有关技术文件正确选用测量设备，且熟悉测量设备的构造、性能、操作方法及注意事项，严格按操作说明书操作，并掌握测量设备的校对方法。

（2）当不具备文件规定的测量设备时，所选择的代用测量设备的测量特性、准确度应不低于选用测量设备。

（3）使用者在使用测量设备前必须检查测量设备的质量标志，并确认其在有效期内，方可使用；对于限用证的测量设备，必须注意查看限用范围后再使用，切忌超范围使用。

（4）不得测量正在运转、有磁性、温度高的零件，不得将测量设备做其他工具使用。

测量设备的维护要求如下：

（1）测量设备必须按期送校，确保其处于合格状态。

（2）使用者本人保管的测量设备，应妥善保管，用后擦拭干净入盒保存，严禁与工具、刃具混放。

（3）封存的测量设备定期做好清洗、润滑、油封、除尘、除湿、清点等维护工作。

（4）测量设备禁止接触具有腐蚀性的物质。

飞机装配工具与设备的使用与调试

【项目简介】

铆接是目前飞机装配中应用广泛的连接形式。与其他连接形式相比，铆接有许多特点，如工艺方法比较简单、连接强度比较稳定可靠、适用于结构比较复杂的连接、操作简便、便于检查质量、易于排除故障等。目前在飞机结构装配中还没有一种连接形式可以完全取代铆接工艺。

【学习目标】

1. 知识目标

（1）掌握飞机装配常用工具的工作原理和使用方法。

（2）掌握普通铆接的工艺过程。

（3）掌握钻孔的技术要求与钻孔的操作方法。

（4）掌握制作沉头铆钉窝的技术要求与锪窝的操作方法。

（5）掌握铆接技术要求、铆钉的长度选择和冲击铆接施工方法。

（6）了解铆接质量控制与检查的方法。

（7）了解常用特种铆接方法。

2. 能力目标

能够正确选择、使用与维护风钻、锪窝钻、铆枪等常用铆接工具；能够正确识别与选择普通铆钉；能按钻孔技术要求制作合格的铆钉孔；能够根据工艺要求检查铆接质量，对不合格的铆钉能正确分解与更换；能够按照特种铆钉铆接技术要求与工艺过程进行铆接施工。

3. 素质目标

培养吃苦耐劳、爱护工具设备的工作作风，培养按技术文件规范操作和安全文明生产的职业素养。树立航空产品质量第一的意识，培养安全文明生产的职业素养和团队合作意识。培养吃苦耐劳的精神和严谨细致、规范操作的工作态度。

任务 5.1　常用飞机装配工具

【任务引入】

飞机部件装配过程实际上就是飞机零件在型架上定位、连接的过程。在飞机采用的众多连接手段中，铆接是应用最多和最广泛的连接形式。掌握飞机铆接技术是掌握飞机装配技能的基础和前提。铆接工艺需要用到哪些工具？这些工具的使用方法是什么？

【任务分析】

本任务旨在带领读者掌握飞机装配，尤其是铆接装配中常用的工具。理解飞机装配工具的类型、工作原理、应用场景等。

【知识学习】

5.1.1　制孔工具

铆接常用的制孔工具是风钻（气钻），风钻又分为普通风钻（枪式气钻）、弯头风钻（角向气钻）、直柄风钻、万向风钻等。普通风钻是常用的制孔工具，其通用性较好，功率大，但体积较大，主要用于开敞性好的工作部位钻孔；弯头风钻主要用于结构狭窄部位及上下或左右有障碍的非敞开部位的钻孔。

5.1.1.1　普通风钻

1. 组成与工作原理

普通风钻又称为枪式气钻，主要由手柄部分、动力部分（发动机）、减速部分及钻夹头等组成，如图 5-1 所示。当勾压按钮后，阀杆末端与密封垫之间出现环形通道，压缩空气经进气接头、环形通道进入发动机后部腔，再经后盖上的孔分主、次两路进入发动机。次路气体由转子端面进入槽内，将叶片从转子槽内吹出，使之贴住气缸壁。主路气体进入气缸，作用在叶片上，使作用在叶片上的压力不平衡，产生旋转力矩使转子沿一定方向旋转。叶片在转动时所产生的离心力作用下，更紧贴气缸内壁。废气则沿手柄的另一条气路经消声器排入大气，转子旋转时，转子前端的套齿（图 5-1 中的主动轮）带动两个行星齿轮沿固定在壳体上的内齿旋转。两个行星齿轮被固定在一个齿轮架上，当它们沿内齿轮转动时，就会带动齿轮架、钻夹头一起旋转。

2. 使用与维护方法

（1）保证供气压力为（4～6）×10⁵ Pa，当气压过低时，风钻的工作效率将明显降低。输气管路应安装油水分离器，以防止水和油污进入风钻。

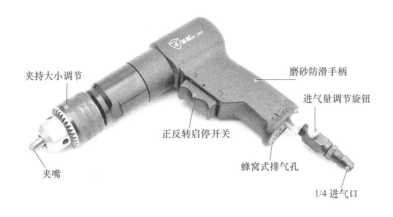

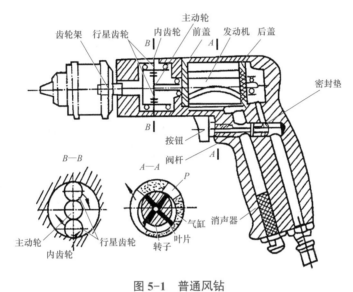

図 5-1　普通风钻

（2）使用前先从进气嘴处注入少量润滑油对高速转动部件润滑，以保证风钻的工作性能和工作寿命。

（3）安装切削工具时，要先用风钻钥匙打开钻夹头，并用风钻钥匙夹紧切削工具。

（4）右手持握手柄，食指（或中指）控制进气按钮，可利用按钮调节转速，保持风钻平稳工作。

（5）风钻不应长时间无负载空转，以避免高速运转时的机件急剧磨损。

5.1.1.2　弯头风钻

弯头风钻又称为角向气钻。与普通风钻相比，弯头风钻的通用性较低，钻夹头只能夹持一种直径的钻头，但其结构小巧紧凑，使用灵便，适用于空间狭窄部件钻孔。

1. 结构组成

弯头风钻区别于普通风钻的地方是将钻夹头换成带弹性夹头的弯头结构，主体结构部分基本相同。弯头部分采用特殊结构以适应各种狭窄部位钻孔，主要有 30°、45°、90°或万向等，根据钻孔部位的空间，采用的弯头角度也不相同，如图 5-2 所示。

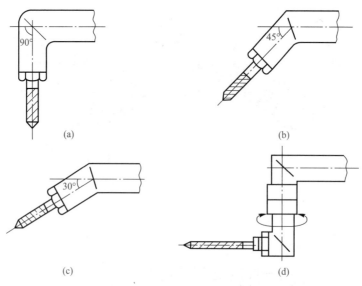

图 5-2　各种角度的弯头形式

（a）90°；（b）45°；（c）30°；（d）万向

装夹钻头时需要用两个六角专用扳手操作，分别用两个专用扳手放在弹性夹头和齿轮轴的六角形部位，放在齿轮轴六角形部位的扳手握紧不动，先逆时针扳动弹性夹头六角处的扳手，弹性夹头从齿轮轴中伸出，带沟槽的锥体松开，将钻头插入弹性夹头孔，再顺时针扳动扳手。弹性夹头进入齿轮轴锥体，两锥体相互配合，使带沟槽的锥体收缩，直到夹紧钻头为止。

2．使用方法

弯头风钻的使用方法与普通风钻基本相同。

5.1.1.3　制孔刀具

1．钻头

在铆接中应用的钻孔刀具很多，其中直柄麻花钻是应用最广泛的孔加工刀具，通常直径 d 为 0.25 ～ 80 mm。飞机铆接制孔时常采用直径 d 为 12 mm 以下的钻头，加工时夹在钻夹头中使用，如图 5-3 所示。

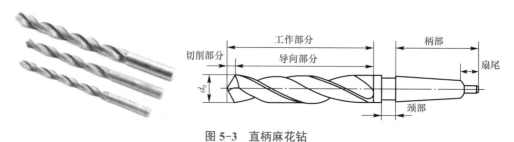

图 5-3　直柄麻花钻

直柄麻花钻按其功能的不同，可以分为以下三部分：

（1）钻柄钻头上供装夹用的部分，并用以传递钻孔所需的动力（转矩和轴向力）。

（2）钻颈。位于刀体和钻柄之间的过渡部分，通常用作砂轮退刀用的空刀槽。

（3）钻体。钻头的工作部分，由切削部分（即钻尖）和导向部分组成。

2．铰刀

在铆接装配中，为提高铆孔的加工质量，常采用铰刀来扩孔或修孔，提高孔的加工精度，降低其表面粗糙度。铰刀具有一个或多个刀齿，用以切除已加工孔表面薄层金属的旋转刀具，经过铰刀加工后的孔可以获得精确的尺寸和形状。铰刀结构大部分由工作部分及柄部组成。工作部分主要起切削和校准功能，校准处直径有倒锥度。柄部用于被夹具夹持，有直柄和锥柄之分，如图 5-4 所示。

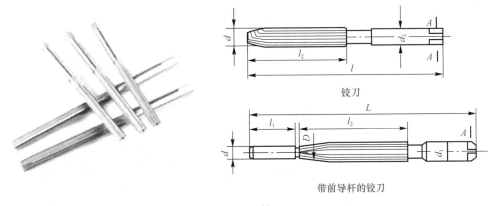

铰刀

带前导杆的铰刀

图 5-4　铰刀

5.1.2　制窝工具

在铆接装配时，为使飞机蒙皮表面平整、光滑，具有良好的气动外形，蒙皮与骨架的连接大多采用沉头铆钉铆接，需要在蒙皮上制作沉头窝。制作沉头窝的工具主要包括锪窝工具和压窝工具两大类。

5.1.2.1　锪窝工具

1．锪窝钻

锪窝钻（锪钻）分为铆钉锪钻、螺钉锪钻、复合锪钻和端面锪钻。

（1）铆钉锪钻。铆钉锪钻又分为铆钉窝锪钻、骨架锪窝用锪钻、反切锪钻三种。

1）铆钉窝锪钻借助其带 1：20 锥度的尾杆装在锪窝限制器中。在风钻上使用时则夹持尾杆的圆柱段。导柱有两种形式：柱形导柱用于一般部位，球形短导柱可用于斜面锪窝。单一式锪窝钻结构形式，如图 5-5 所示。

2）骨架锪窝用锪钻的结构形式与铆钉锪窝钻相同。

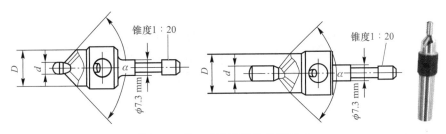

图 5-5　单一式锪窝钻的结构形式

3）反切锪钻主要用于铆钉孔的反切锪钻。其结构形式如图 5-6 所示。

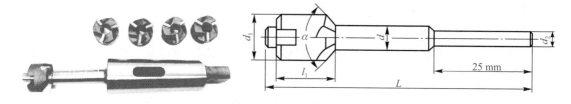

图 5-6　反切锪钻结构形式

（2）螺钉锪钻。螺钉锪钻分为螺钉窝锪钻和螺钉窝柱柄锪钻。螺钉窝锪钻装在锪窝限制器或风钻上使用。其结构如图 5-7 所示。螺钉窝柱柄锪钻适用在风钻上使用，其结构如图 5-8 所示。

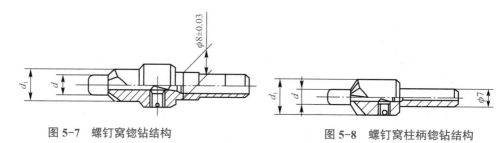

图 5-7　螺钉窝锪钻结构　　　　　　　　图 5-8　螺钉窝柱柄锪钻结构

（3）复合锪钻。复合锪钻能一次完成钻孔和锪窝两道工序，生产效率高。孔与窝的同心度好。其结构如图 5-9 所示。复合锪钻可以安装在锪窝限动器或直接夹在风钻上使用，也可以安装在自动钻铆机上使用。

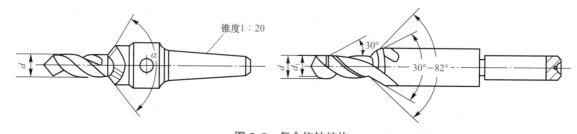

图 5-9　复合锪钻结构
（a）沉头铆钉锪钻；（b）无头铆钉锪钻

2. 锪窝限动器

锪窝限动器与配套锪窝钻，如图 5-10 所示。锪窝限动器与锪窝钻配合使用，主要用来控制锪窝的深度。通过限动器齿状部分的螺纹来进行锪窝深度的调节。

图 5-10　锪窝限动器与配套锪窝钻
（a）锪窝限动器；（b）锪窝钻

3．锪窝风钻

锪窝风钻是锪窝用的专用风钻，其头部装有定位套，可以保证孔与端面的垂直度，如图 5-11 所示。

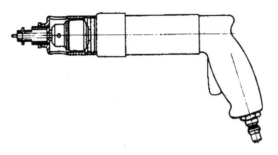

图 5-11　锪窝风钻

5.1.2.2　压窝工具

1．手用压窝器

飞机薄蒙皮铆接中常采用压窝法制作沉头窝，使用的工具是压窝器（压窝头），如图 5-12 所示。手用压窝器由阴模和阳模组成，其被安装在手用压窝钳、手提式风动压窝机或手提式风动压铆上。

（a）　　　　　　（b）

图 5-12　手用压窝器

（a）阴模；（b）阳模

2．手用压窝钳

手用压窝钳主要用于零件部位的压窝，如图 5-13 所示。配备有不同喉深尺寸的弓架，可以根据压窝的位置进行替换，手柄可以锁定。

（a）　　　　　　　　　　（b）

图 5-13　手用压窝钳

（a）压窝钳；（b）弓架

3．手提式风动压窝机

手提式风动压窝机的构造原理与手提式风动压铆机类似，如图 5-14 所示。配备如图 5-12 所示的阴模和阳模压窝器，可在厚度为 0.6 ~ 0.8 mm 的材料上压制直径为 2.6 ~ 4 mm 铆钉的埋头窝。

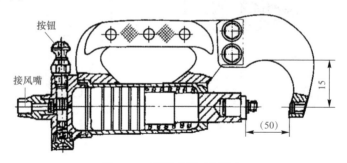

图 5-14　手提式风动压窝机

■ 5.1.3　铆接工具设备

在铆接装配过程中，需要使用铆接工具来产生一定的锤击力或静压力，使铆钉产生一定的变形后形成镦头来固定构件。不同的铆接方法，有相应的铆接工具。这里主要介绍普通铆接常用铆接工具。

5.1.3.1　铆枪

铆枪是铆接工作中的主要工具，其种类有很多。下面以常用的 $\phi3$ 型、$\phi5$ 型铆枪为例进行说明。

1．结构与工作原理

铆枪结构如图 5-15 所示，铆枪工作时，利用气压力推动铆枪中的活塞多次往复运动来冲击冲头，并通过冲头锤击铆钉形成镦头。

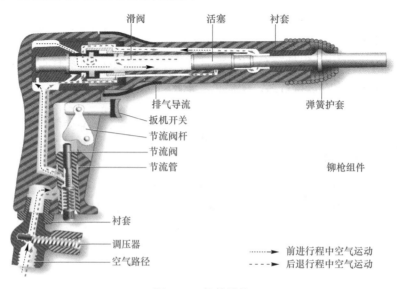

图 5-15　铆枪结构

2．铆枪使用方法

（1）使用前要安装好防护弹簧，利用防护弹簧将冲头与枪身连接牢靠，避免冲头飞出损伤人或产品。

（2）使用时应保持规定的进气压力。进气压力过小，会降低铆锤的功率，不仅铆接效率低，铆钉镦头也可能因锤击次数过多而产生裂纹。

（3）使用时应"先顶紧，后开枪"。即冲头顶紧铆钉后才按压按钮。否则，活塞产生往返运动，会消耗一部分能量，活塞撞击壳体，使铆枪损坏。

（4）右手持握手柄，食指（或中指）按下按钮，启动铆枪，可利用按钮调节压缩空气大小，保证铆枪平稳工作。锤击铆钉时按"轻—重—轻"的规律按压按钮。铆接刚开始，由于铆钉杆较长，铆钉杆与铆孔之间的间隙较大，受锤击时铆钉杆容易弯曲。因此，应轻压按钮，使铆枪功率小一些，待铆钉杆填满铆孔后，再重压按钮，增大铆钉功率，以迅速形成镦头。镦头接近完成时，再逐渐放松按钮，防止镦头打得过低。

（5）冲头尾部按不同铆枪型号配制，不应串用，避免损伤机件，降低效率。

（6）使用中不应随意打空枪，以免损坏机件。

5.1.3.2 冲头

冲头（型杆）的作用是保持铆钉头（或镦头）的形状和传递锤击时的荷载。常用冲头的形状如图 5-16 所示。

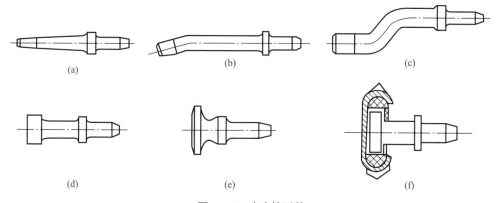

图 5-16　冲头的形状

（a）直冲头；（b）（c）弯冲头；（d）平冲头；（e）埋头铆钉冲头；（f）带钢片平冲头

铆接时，若冲头直接与铆钉杆尾部接触，它的工作面可稍粗糙一点，以防铆接过程中冲头在镦头上滑动。当冲头与铆钉头、构件表面接触时，它的工作面要稍光滑一些。铆接半圆头、大扁圆头或平锥头铆钉时，冲头窝子的尺寸要根据工具手册要求来选择。窝子过小会压伤铆钉；窝子太深、太大将在构件表面形成压痕。

铆接埋头铆钉时，为了防止损伤蒙皮表面，可以采用带钢片或橡皮圈的冲头，如图 5-17 所示。带橡皮圈的冲头，橡皮圈凸出冲头工作面约 0.5 mm。防止冲头边缘棱角划伤蒙皮。

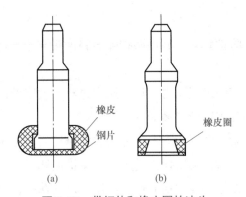

图 5-17　带钢片和橡皮圈的冲头

（a）带钢片的冲并头；（b）带橡皮圈的冲头

5.1.3.3　顶铁

在铆接装配过程中，顶铁的作用是支撑在铆钉的一端，使铆钉杆在锤击力的作用下受到较大的压力而产生变形。顶铁在锤击力的作用下，将产生移动，消耗铆枪的功率，减小铆枪作用于铆钉杆的锤击力。如顶铁质量太小，顶铁在锤击力的作用下，移动的速度就大，消耗的功率就大；如顶铁的质量过大，操作者易疲劳，不易掌握。因此，顶铁的质量是有一定限制的。

通用型的普通顶铁，如图 5-18 所示。形状简单的顶铁用于易接近铆钉的地方；形状比较复杂的，用于不易接近铆钉的地方。使用顶铁时，其质量应集中在铆钉轴线附近，以便充分发挥作用。

图 5-18　普通顶铁

5.1.3.4　手用压铆钳

手用压铆钳适用构件边缘部位铆接，图 5-19 所示是直柄式手用压铆钳。压铆时，铆钉处在固定座和活动座之间，合拢手柄，活动座向上移动，使铆钉杆受压而变形，形成镦头。手用压铆钳，构造简单，但使用费力，通常用来压铆直径为 2.6 ～ 3 mm 的铝铆钉。

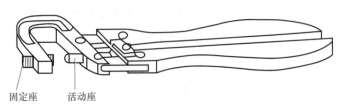

固定座　　活动座

图 5-19　直柄式手用压铆钳

122

5.1.3.5 气动手提压铆机

气动手提压铆机可分为拉式和推式两种。拉式气动手提压铆机的构造，如图 5-20 所示。它主要由活塞、气缸、气门、活动臂、固定臂、活动座、固定座、滚轮等组成。

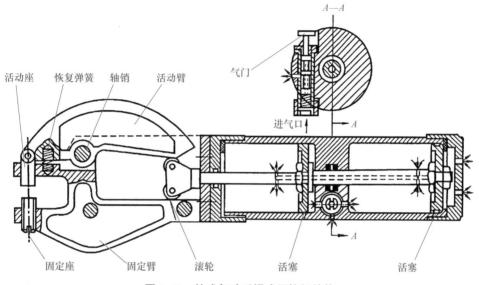

图 5-20 拉式气动手提式压铆机结构

5.1.3.6 自动钻铆机

自动钻铆机是一种高效的自动化设备，它通过预先编制好的程序，全部由计算机控制，如图 5-21 所示。它能连续完成夹紧、钻孔、锪窝、喷涂密封剂、放钉、铆接、铣平等工序。制孔精度在 0.005 mm 以内，窝的深度公差也可控制在 0.025 mm 以内。铆钉镦头保持高度一致，不受人为因素影响，铆接质量高。目前，自动钻铆机的形式和种类很多。床身可分为弓臂式、龙门式、固定式、移动式等。

图 5-21 自动钻铆机加工机身

■ 5.1.4 辅助工具

5.1.4.1 铆接辅助工具

1. 定位销

定位销用于零件与零件之间的定位和夹紧。一般定位销可分为螺纹式和弹簧式两类。螺纹式定位销夹紧力大，弹簧式定位销使用方便。按定位销杆的结构又可分为偏心和楔形两大类。常用定位销的类型如图 5-22 所示。

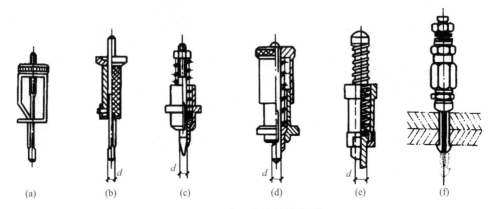

图 5-22　常用定位销的类型

（a）（b）螺纹式偏心销杆；　（c）～（e）弹簧式偏心销杆；　（f）弹簧式楔形销杆

2. 定位销钳

定位销钳如图 5-23 所示。

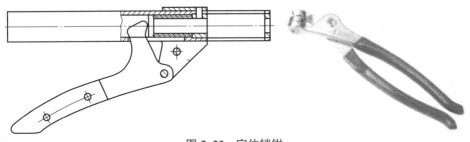

图 5-23　定位销钳

3. 接风嘴和快换接头

（1）接风嘴。接风嘴如图 5-24 所示，其主要作用是连接风动工具和气源接风嘴，常用规格有 M12×1.25、M4×1.5 和 M16×1.5 等。

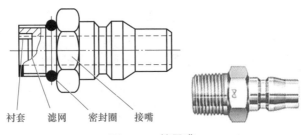

衬套　滤网　密封圈　接嘴

图 5-24　接风嘴

（2）快换接头。快换接头如图5-25所示。向快换接头内插入接风嘴时，只要用食指、拇指向后拉动快换接头的卡套，将接嘴插到位并松开两指，接风嘴即能被牢固地固定在快换接头内。取下风动工具时，只向后拉动卡套，借助管中的压缩空气即可将风动工具的接风嘴顶出。

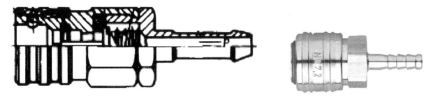

图5-25　快换接头

4. 引孔器

引孔器是将内部零件上的孔引到外部零件上的一种工具，如图5-26所示，主要用于飞机蒙皮上铆钉孔的定位。

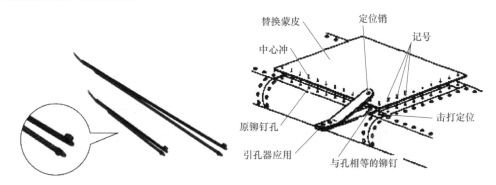

图5-26　引孔器及使用方法

5. 去毛刺工具

去毛刺工具如图5-27所示，常见的去毛刺工具种类有很多，其工作特点是能一次性快速除净孔径两面的毛刺，仅需从一面工作。

图5-27　去毛刺工具

5.1.4.2　铆接测量工具

1. 塞尺

塞尺主要用于间隙、间距的测量。常用的塞尺是由一组具有不同厚度级差的薄钢片组成的量规，如图5-28（a）所示，主要用来测量间隙值；锥形塞尺（斜尺）主要用于现场测量深度间隙或深度孔径、内径，如图5-28（b）所示；楔形塞尺在其中斜的一面上有刻度，主要用于测量构件表面的平整度和间隙缝隙等，如图5-28（c）所示。

图 5-28　常用塞尺类型

（a）塞尺；（b）锥形塞尺；（c）楔形塞尺

2．夹层厚度测量尺

夹层厚度测量尺主要用来测量连接孔处的夹层厚度，并根据量得的厚度来选择紧固件的长度。

3．铆钉测量尺

（1）铆钉长度尺。铆钉长度尺如图 5-29 所示，在其表面标注有铆钉的尺寸编号，通过对比的方法快速确定铆钉长度的工具。

（2）铆钉头尺。铆钉头尺组如图 5-30 所示，用于快速确认铆钉头最小直径和最小高度，适合通用铆钉和平头铆钉。

图 5-29　铆钉长度尺　　　　　图 5-30　铆钉头尺组

◇▫ **【任务实施】**

常用铆接工具的使用

1．实训目的

通过任务实施能熟悉风钻、铆枪等常用的铆接工具的使用操作方法，并在实训过程中能正确维护常用铆接工具。

2．工具清单

工具清单见表 5-1。

表 5-1　工具清单

序号	工具名称	型号	数量
1	风钻	前哨 Z0601	1
2	铆枪	前哨 M0501	1

序号	工具名称	型号	数量
3	弯角钻	前哨 DA200	1
4	铆钉锪钻	前哨 QT902	1
5	锪窝限动器	前哨 CMS1-4	1

3. 工作内容

工作内容见表5-2。

表 5-2　工作内容

实训步骤	实训内容	能力要求
普通风钻使用方法	①使用前先从进气嘴处注入少许润滑油，保证风钻的工作性能和工作寿命。 ②用风钻钥匙打开钻夹头，安装好钻头，并用风钻钥匙夹紧，不准用锤击钻夹头的方法夹紧切削工具。 ③右手持握手柄食指按下按钮启动风钻。可利用按钮调节转速，保持风钻平稳工作。风钻不应长时间空转，以避免机件急速磨损。 ④在练习板料上画线，打上铆钉孔的定位点。 ⑤按操作要求在板料上钻孔直至能熟练地控制好风钻转速。 ⑥练习结束后，按操作要求进行正确的维护	能正确使用与维护风钻
铆枪使用方法	①使用前先从进气嘴处注入少量润滑油，保证铆枪的工作性能和工作寿命。 ②利用保护弹簧将冲头与枪身连接牢靠，避免冲头飞出伤人。 ③右手持握手柄，手指按下按钮，启动铆枪，可利用按钮调节压缩空气进气量的大小，保证铆枪平稳工作。 ④冲头尾部按不同铆枪型号配备，不同型号之间不能串用，以避免损伤铆枪。使用中不应随意打空枪，避免损坏铆枪。 ⑤在板料上安装铆钉进行试铆。 ⑥练习结束后，按操作要求进行正确的维护	能正确使用与维护铆枪
弯角钻使用方法	①使用前先从进气嘴处注入少许润滑油，保证弯角钻的工作性能和工作寿命。 ②用弯角钻扳手安装切削钻头。 ③手握机身同时按下安装切削钻头，启动弯角钻调节转速，开关可调节转速，保持弯角钻平稳工作。弯角钻不应长时间空转，以避免机件急速磨损。 ④按操作要求在板料上钻孔，直至能熟练地控制好弯角钻转速。 ⑤练习结束后，按操作要求进行正确的维护	能正确使用与维护弯角钻
铆钉锪钻	①用钻钥匙打开钻夹头，安装好锪钻。 ②用钻钥匙夹紧，不准用锤击钻夹头的方法夹紧。 ③右手持握手柄食指按下按钮启动铆钉锪钻。可利用按钮调节转速，保持铆钉锪钻平稳工作。铆钉锪钻不应长时间空转，以避免机件急速磨损。 ④在非加工件（废料）上试锪窝，较熟练地掌握锪窝钻的使用方法	能正确使用与维护铆钉锪钻

4. 注意事项

（1）实训操作前必须穿戴好劳动保护用品。

（2）实训操作的工具量具应摆放整齐有序。

（3）此为熟悉工具使用的实训环节，实训操作尽量使用废料练习，不可在正式加工的零件上进行。

【巩固提高】

1. 风钻在使用时应注意（　　　）。

A. 要有足够的供气压力

B. 使用前在进气嘴处注入少量润滑油对高速转动部件润滑

C. 风钻长时间空转以便检查气钻工作是否正常

D. 安装切削工具时应用气钻钥匙打开钻夹头

2. 装夹与拆卸钻削工具时应该使用的工具为（　　　）。

A. 锤子　　B. 榔头　　　　C. 气钻钥匙　　　　　　D. 冲子

3. 铰刀的作用有（　　　）。

A. 扩孔　　B. 修孔　　　　C. 提高加工精度　　　　D. 降低表面粗糙度

4. 钻孔时，正确的操作方法为（　　　）。

A. 孔快要钻透时，压紧力要大　　　B. 孔快要钻透时，转速要快

C. 钻孔时风钻转速要先慢后快　　　D. 不管哪种材质，钻孔速度越快越好

任务 5.2　普通铆接

【任务引入】

普通铆接具有工艺方法比较简单、连接强度比较稳定可靠、操作简便、便于检查质量、易于排除故障等优点，适用在复杂结构上的连接，是目前飞机装配中应用最广泛的连接形式，因此，普通铆接工艺是从事飞机装配工作必须掌握的基本技能。

【任务分析】

本任务旨在带领读者掌握飞机普通铆接工艺，能够理解普通铆接工艺过程，能够正确选择铆钉，掌握铆钉孔、沉头窝的制作方法，掌握普通铆接施工的方法和技术要求。

【知识学习】

5.2.1　普通铆接工艺过程

铆接即铆钉连接是利用轴向力将零件铆钉孔内钉杆镦粗并形成钉头，使多个零件相连接的方法。铆接是一种不可拆卸的连接形式。与其他连接形式相比，铆接工艺过程简单，连接强度稳定可靠，容易检查和排除故障，能适应复杂结构的各种金属及非金属材料之间的连接，但铆接会降低结构的强度，疲劳性能较差，增加结构的质量，铆接变形量较大，手工劳动量大，劳动条件较差。从飞机机体采用铝合金结构起，就广泛地应用了铆接方法。尽管飞机机体逐步扩大使用了新型结构材料，但铆接仍然是飞机结构装配中广泛采用的一种主要连接方法。

普通铆接是指常用的凸头或埋头铆钉铆接，其铆接工艺过程：零件的定位与夹紧、确定铆钉孔位置、制作铆钉孔、制作埋头窝（对埋头铆钉而言）、去除毛刺和清除切屑、放铆钉、施铆、涂漆保护，见表 5-3。

表 5-3　普通铆接工艺过程

序号	工艺过程	工序内容	工艺方法	附注
1	零件的定位与夹紧	零件定位	1. 按画线定位。 2. 按装配孔定位。 3. 按基准零件或已装零件定位。 4. 按装配夹具定位	有些零件需要修合
		零件夹紧	1. 用弓形夹或手虎钳夹紧。 2. 用定位销夹紧。 3. 用工艺螺栓夹紧。 4. 用工艺钉夹紧。 5. 用夹具压紧件夹紧。 6. 用橡皮绳等夹紧	

序号	工艺过程	工序内容	工艺方法	附注
2	确定铆钉孔位置	在铆缝上排铆钉孔	1.按画线排孔。 2.按导孔排孔。 3.按冲点排孔	
			1.按专用样板排孔。 2.按钻模排孔	1.画出位置。 2.直接钻孔
3	制作铆钉孔	钻孔	1.用风钻钻孔。 2.用台钻、摇臂钻等钻孔。 3.在自动钻铆机上钻孔	
		冲孔	1.手动冲孔钳冲孔。 2.手提式冲孔机冲孔。 3.台式冲孔机冲孔	
		铰孔	1.手铰。 2.风钻铰孔（用通用手铰刀）	
4	制作埋头窝	锪窝	1.钻孔后单独锪窝。 2.钻孔的同时锪窝	通过阴、阳压窝模压窝，其中用铆钉头压窝是以铆钉头做阳模
		压窝	冷压窝 1.用手打冲窝器压窝。 2.用压窝钳压窝。 3.用压窝机压窝。 4.用压机压窝。 5.用钉头压窝	
			热压窝：用专用热压窝机	
5	去除毛刺和清除切屑	去除钻孔产生的毛刺	1.用大直径钻头去毛刺。 2.用专用倒角锪钻。 3.用薄金属板	有条件的应优先采用分解零件去除零件上孔两边缘的毛刺和清除夹层间的金属切屑
		清除夹层间的切屑	1.分解零件进行清理。 2.用薄金属板或非金属刮板进行清理	
6	放铆钉	往铆钉孔内安放铆钉		
7	施铆	按一定顺序进行铆接	采用普通铆接方法（拉铆法除外）	
8	涂漆保护	在铆钉镦头上、镁合金零件孔内涂漆		

■ 5.2.2 铆钉选择

铆钉是用于连接两个或两个以上带通孔构件的紧固件。在铆接装配中，利用自身形变或过盈连接被铆接的零件。

5.2.2.1 铆钉的种类

普通铆钉一般是按头部形状分类，国内航空标准的普通铆钉的种类从形状上分，主要有半圆头铆钉（HB 6229 ～ HB 6239—2002）、平锥头铆钉（HB 6297 ～ HB 6303—2002）、90°沉头铆钉（HB 6304 ～ HB 6314—2002）、120°沉头铆钉（HB 6315 ～ HB 6319—2002）和大扁圆头铆钉（HB 6323 ～ HB 6337—2002）等，如图 5-31 所示。

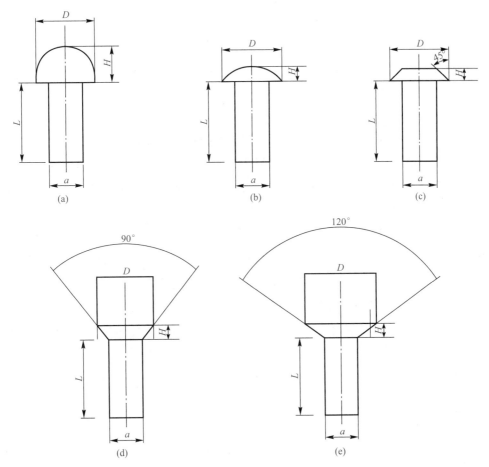

图 5-31 普通铆钉种类

（a）半圆头铆钉；（b）大扁圆头铆钉；（c）平锥头铆钉；（d）90°沉头铆钉；（e）120°沉头铆钉

从材料上区分，国内普通铆钉可分为铝铆钉、钢铆钉和铜铆钉，材料主要有 LY1、LY10、LF10、LF21、ML18、ML20MnA、1Cr18Ni9Ti 等。为了便于从外表来识别铆钉的材料，在铆钉头上标有标记。铆钉标记的形式见表 5-4。标记一般是凸点，但半圆头、大扁圆头及车制铆钉允许是凹点。

表 5-4　国内航空标准普通铆钉材料及标记

材料	LY1	LY10	LF10	LF21	ML20MnA	MLC15	1Cr18Ni9Ti	T3
标记	⊙	○	⊙(两点)	⊙(三点)	⊙	○	○	○

5.2.2.2　铆钉的代号

不同形状、不同规格（指铆钉杆的直径和长度）、不同材料的铆钉，可用不同的牌号表示。国内航空普通铆钉的牌号为 HB ××××.$d×L$。其中，HB——航空标准的代号；××××——4 位数字序号，表示铆钉的材料；d——铆钉杆的直径，单位为 mm；L——铆钉杆的长度，单位为 mm。例如牌号为 HB 6315.4×10 的铆钉，表示该铆钉为 120° 沉头铆钉，材料为 LY1 硬铝，铆钉杆直径为 4 mm，铆钉杆长度为 10 mm。

5.2.2.3　铆钉的选择

1．铆钉材料的选择

铆钉材料主要是根据构件的材料和受力情况来决定的。材料强度较高，受力较大的构件，铆接时，一般选用材料强度较高的铆钉。材料强度较低，受力较小的构件，铆接时，一般选用材料强度较低的铆钉。在飞机的结构修理中，通常规定铆钉材料的强度略低于构件材料的强度。

2．铆钉直径的选择

铆接构件受力时，铆钉会同时产生剪切和挤压变形，它所受的剪力和挤压力是相等的。根据构件的厚度来选择铆钉直径，构件越厚，铆钉直径越大；构件越薄，铆钉直径越小。铆钉的直径与铆接构件的厚度成正比。

在实际铆接工作中，铆接构件的厚度是由几个构件的厚度叠加在一起，铆钉的直径 d 可用公式（5-1）计算。即

$$d = 2\sqrt{\sum\delta} \tag{5-1}$$

式中，$\sqrt{\sum\delta}$ 为铆接构件的总厚度。

3．铆钉长度的选择

（1）国内标准镦头铆钉按公式（5-2）计算铆钉长度。

$$L = \frac{d_0^2}{d_1^2} \times \sum\delta \tag{5-2}$$

式中　L——铆钉长度（mm）；

　　　d_0——铆钉最小直径（mm）；

　　　d_1——铆钉孔最大直径（mm）；

　　　$\sum\delta$——铆接件夹层厚度（mm）。

（2）按经验公式计算，见表 5-5。

表 5-5 铆钉长度计算公式   mm

铆钉直径 d	2.5	3	3.5	4	5	6	7	8
铆钉长度 L	$\sum\delta+1.4d$			$\sum\delta+1.3d$		$\sum\delta+1.2d$		$\sum\delta+1.1d$

（3）按《铆钉通用规范》（HB 6444—2002）中铆钉长度表选择。

■ 5.2.3 制作铆钉孔

制作铆钉孔是飞机装配铆接中采用的基本工序，普通铆钉制孔方法一般有冲孔、钻孔。

5.2.3.1 铆钉孔的技术要求

（1）铆钉孔直径及其极限偏差见表 5-6。

表 5-6 铆钉直径及其极限偏差   mm

铆钉直径	2.0	2.5	2.6	3.0	3.5	4.0	5.0	6.0	7.0	8.0	10.0
铆钉孔直径	2.1	2.6	2.7	3.1	3.6	4.1	5.1	6.1	7.1	8.1	10.1
铆钉孔极限偏差	$+0.1$ 0					$+0.15$ 0			$+0.2$ 0		
更换同号铆钉时孔极限偏差	$+0.2$ 0							$+0.3$ 0			

（2）铆钉孔圆度应在铆钉孔直径极限偏差内。

（3）铆钉孔粗糙度 Ra 值不大于 6.3 μm。

（4）铆钉孔轴线应垂直于零件表面。允许由于孔的偏斜而引起铆钉头与零件贴合面的单向间隙不大于 0.05 mm。

（5）不允许铆钉孔有棱角、破边和裂纹，应清除铆钉孔边的毛刺，允许在孔边形成不大于 0.2 m 的倒角。尽可能分解铆接件，清除贴合面孔边的毛刺。

（6）碳纤维复合材料孔壁应光滑，不应有分层、划伤、劈裂、毛刺、纤维松散等缺陷存在。

5.2.3.2 钻孔

钻孔是制铆钉孔的主要方法，能获得比较光洁的孔壁。影响钻孔质量的主要因素有工件材料、钻头切削部分的几何形状、刃的锋利程度、转速、进给量等。制作铆钉孔时，必须正确选择钻头直径。由于普通铆钉的直径存在公差，钻头直径必须稍大于铆钉直径 0.1 mm，铆钉才能顺利放入铆钉孔。钻孔时，为了防止两构件的铆孔彼此错开，应用定位销或小螺栓将两构件临时固定。

1. 钻孔方法

在边距要求不同的零件上钻孔时，应从边距小的一面往边距大的方向钻。在不同厚度和不同硬度的零件上钻孔时，原则上应"从厚到薄、从硬到软"。按骨架上的导孔向蒙皮钻孔时，应先钻初孔，然后从蒙皮一面将初孔扩到最后尺寸，如铆钉孔直径大于4 mm时，也应采用此方法。

2. 钻孔后的毛刺清除

（1）用风钻安装毛刺锪钻去毛刺。

（2）可用比铆钉孔大2～3级的钻头去毛刺（其顶角为120°～160°）。

（3）风钻转速不宜太快，压力要适当。

（4）去毛刺允许在孔边形成0.2 mm深的倒角。

■ 5.2.4 制作沉头窝

5.2.4.1 沉头窝的技术要求

（1）沉头窝的角度应与铆钉头角度一致。

（2）沉头窝的表面应光滑洁净，不允许有棱角和划伤，复合材料窝不应有分层和撕裂。

（3）沉头窝的椭圆度允许0.2 mm，个别可至0.3 mm，但数量不能超过一排铆钉窝总数的15%。

（4）沉头窝的深度应比铆钉头最小高度小0.02～0.05 mm。

（5）双面沉头铆接时，锪窝的镦头窝为90°，其直径见表5-7。

表5-7　90°沉头窝的最小直径　　　　　　　　　　　　　　　　　mm

铆钉直径	2.5	2.6	3.0	3.5	4.0	5.0	6.0	7.0	8.0
镦头最小直径	3.5	3.65	4.20	4.95	5.60	7.0	8.2	9.5	10.8

（6）沉头窝周围不允许有锪窝限制器造成的工件表面痕迹，凹陷、轻微机械损伤等的深度应不大于材料包覆层的厚度，数量不能超过一排铆钉内窝数的3%。

（7）压窝扩孔后，窝不能有毛刺、裂纹和破边。压窝件与窝件的套装之间不允许有间隙。

5.2.4.2 制窝方法的选择

沉头铆钉铆接，需在工件上制沉头铆钉窝，制沉头铆钉窝的方法主要有锪窝法和压窝法。

（1）根据蒙皮和骨架的厚度确定制窝方法，见表5-8。

表 5-8　按蒙皮和骨架的厚度确定制窝方法　　　　　　　　　　　mm

蒙皮厚度	骨架厚度	制窝方法	简图
≤ 0.8	≤ 0.8	蒙皮、骨架均压窝	
	> 0.8	蒙皮压窝、骨架锪窝	
> 0.8	不限	蒙皮锪窝	

（2）如果蒙皮厚度不大于 0.8 mm，骨架为两层或两层以上，而每层厚度都不大于 0.8 mm，其总厚度又不小于 1.2 mm，且不能分别压窝，则采用蒙皮压窝、骨架锪窝的方法。

（3）挤压型材不允许压窝，只能采用锪窝法。

（4）多层零件压窝一般应分别进行，当必须一起压窝时，其夹层厚度不大于 1.6 mm。

（5）镁合金、钛及钛合金、超硬铝合金及 1 mm 以上厚度的零件压窝，都要采用热压窝。

1．锪窝

（1）根据孔径的大小、沉头窝的角度及部件结构，选择锪窝钻的大小、规格。

（2）首选带限制器的锪窝钻锪窝，确保锪窝的深度和窝的垂直度。

（3）锪窝处结构件影响限制器锪窝时，允许单独使用锪窝钻锪窝，若锪窝钻长度不够，可安装在保证同轴度的长管上进行锪窝。

（4）在斜面上锪窝应使用带球形短导杆锪窝钻。

（5）当工件锪窝面用普通锪窝钻无法锪窝时，可以使用反锪窝钻锪窝。

（6）可采用复合钻，使钻孔锪窝一次完成，生产效率高。复合钻可以装在限制器上或直接夹在风钻上使用，也可装在自动钻铆机上使用。

2．压窝

压窝法可分为冷压窝和热压窝。冷压窝在室温下压窝，热压窝将材料加热到一定温度时压窝。压窝工艺过程包括钻初孔、去除孔边毛刺、阳模准销插入工件孔、阳模、阴模压紧工件、压窝、将初孔扩至铆钉孔最后尺寸。

■ 5.2.5　铆接施工

5.2.5.1　铆接的技术要求

1．对铆钉头的技术要求

（1）铆钉头应贴紧零件表面，允许不贴合的单向间隙为 0.05 mm，但这种钉数量应不大于铆钉排总钉数的 10%。

（2）铆钉头不允许有切痕、下陷、裂纹及其他机械损伤，沉头铆钉头相对蒙皮的凸出量应符合技术条件要求。

（3）内部结构（非气动外缘）沉头铆钉头相对零件表面的凸凹量为 ± 0.1 mm。

2．对铆钉镦头的技术要求

（1）镦头形状要求。铆钉镦头一般应为标准镦头，标准镦头呈鼓形，如图 5-32 所示。不允许呈"喇叭形""马蹄形"或其他形状，如图 5-33 所示。

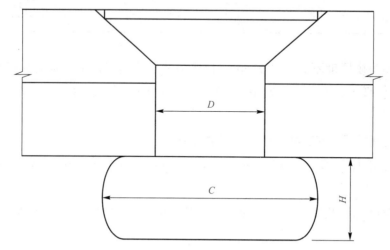

图 5-32　标准铆钉镦头形状与尺寸标注

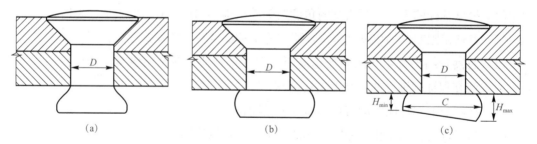

图 5-33　铆钉镦头不规则形状示例

（a）"喇叭形"镦头；（b）"马蹄形"镦头；（c）"斜面形"镦头

（2）铆钉镦头尺寸和极限偏差满足尺寸要求。

（3）镦头不允许有切痕、下陷、裂纹和其他机械损伤。

（4）双面沉头铆钉的镦头直径与镦头窝直径相同，凸出量应符合铆钉头的凸出量规定。

（5）在未锪端面窝的斜面零件上铆接的铆钉，其镦头应置于斜面上。

（6）一般将镦头安排在有较厚的板材和较硬的金属件一面。

5.2.5.2　冲击铆接方法

1．冲击铆接的分类

冲击铆接是借助铆枪冲击力作用在铆钉上的不同部位，和顶铁产生撞击作用而形成镦头。飞机铆接施工不能采用压铆时，一般采用冲击铆接。按铆枪的冲击方向不同，冲击铆接又可分为正铆法和反铆法。

正铆法是将顶铁顶住铆钉头，铆枪的冲击力直接作用在铆钉杆上形成镦头，如图 5-34（a）所示。反铆法是将铆枪的冲击力作用在铆钉头上，用顶铁顶住铆钉杆形成镦头，如图 5-34（b）所示。

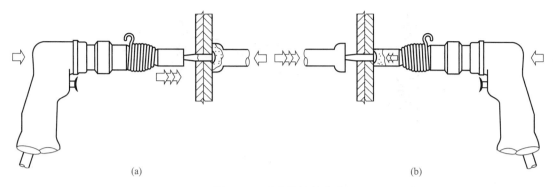

图 5-34　冲击铆接的方法
（a）正铆法；（b）反铆法

2．顶铁的选择

（1）选择合适的顶铁是保证铆接质量的一个重要因素，如顶铁形状不合适，会使铆钉头歪斜；顶铁太轻，不能提供必要的顶持力，材料会朝向镦头凸出；顶铁太重，质量和顶撞力可能会引起材料反向镦头凸出。

（2）顶铁的形状要根据铆接部位的结构特点确定，应容易接近铆钉、握持方便、不易碰伤附近零件。

（3）顶铁的工作面的表面粗糙度 Ra 值应不大于 0.8 μm。

3．其他铆接工具的选择与使用

根据铆钉头的形状、铆接方法、铆接部位的结构特点，确定冲头的结构形式和冲头的重量。合理地选择铆接枪、冲头和顶铁，可以在铆接件变形最小的情况下，迅速形成符合规定的镦头。安装在铆枪上的冲头应装有保险装置。反铆时，冲头与铆钉头之间一般应垫上玻璃纸。4 kg 以上的顶铁，一般应悬挂在平衡器上。

4．冲击铆接的操作要领及技巧

冲击铆接一般由两人配合完成，但在结构允许的条件下，也可单独进行铆接。

（1）铆接前，安装好窝头，在木板上进行试枪，检查铆枪冲击是否正常。

（2）两人铆接开始时，握枪人要先轻按铆枪扳机点铆一下，根据声响确认对方顶好后，方可连续冲击铆接。铆接时，握枪人要掌握铆钉锤击成型时间的长短规律，使铆钉镦头形成一致的合格高度。

（3）在铆接过程中，窝头中心线和顶铁工作面应始终保持与铆钉中心线相一致（楔形件铆接例外），窝头不能在铆钉头上跳动或上下左右滑动，以免影响铆接质量。

（4）铆接时，右手握住铆枪手柄，在使用大型铆枪时，一般采用双手握枪，如图 5-35所示，给窝头（冲头）一定的压紧力和平衡力，防止窝头跳动，保持铆枪平稳；中指扳住进气按钮，无名指放在按钮下面，两个手指相互配合，根据所需冲击力控制进气量。此种方法比利用调气阀门调节进气量更加方便、灵活、快捷；施铆时，用左手向铆钉孔内插入铆钉，两手相互配合，快速高效完成铆接过程。

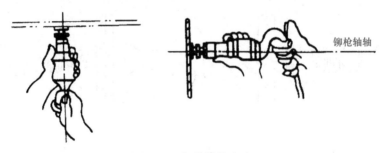

铆枪轴轴

图 5-35　握铆枪的方法

各种不同的铆接姿态如图 5-36 所示。

图 5-36　各种不同的铆接姿态

（5）顶铆钉时，手握顶铁的顶紧力开始不要用力过大，待铆钉钉杆略微镦粗后，再向顶铁施加顶紧力，促进铆钉镦头成型，防止铆缝凹下。另外，还应避免顶铁不要顶伤或碰伤结构件。

（6）在结构件不开敞的薄蒙皮铆接中，看不到顶铁是否顶住铆钉钉杆的情况下，一定要在铆钉孔内看到顶铁工作面，顶持人和握枪人都确定已顶好，方可插入铆钉铆接，并要一次成型，才能移动顶铁，不开敞的薄蒙皮铆接的冲击铆接时间要采用短冲时间，多次冲击成型镦头，其目的主要是防止冲击铆接振动大，产生顶铁位移，顶在钉杆周围，发生打凹、打裂现象。

（7）排除连接件之间的间隙时，要先轻轻点铆，待铆钉杆略微镦粗后，再用顶铁顶在钉杆周围，或把钉杆套在空心冲内，使空心冲紧贴钉杆根部零件表面，用顶铁顶住空心冲，轻轻点铆；然后还可以用窝头或顶铁顶住铆钉头，把钉杆套在空心冲内，敲打空心冲，消除间隙，保证平整的铆缝外形。

（8）采用反铆法铆接厚度大的连接件，且结构空间又小，只能放置质量小于 0.5 kg 的顶铁情况下，铆钉镦头很难成型，需要冲击时间长，铆接变形增大，为了加快镦头成型速度，可在铆钉杆稍镦粗后，轻轻晃动顶铁，待镦头最后成型前，顶铁工作面必须垂直于钉杆轴心线，形成合格镦头。

（9）采用反铆法铆接较薄的连接件时，尽量使用大面凸头钉窝头。

（10）反铆时，应尽量使用带防护胶皮的窝头或采取在窝头和铆钉头之间垫上玻璃纸的方法，以获取较好的表面质量。

（11）曲面连接件的沉头铆钉铆接应注意使沉头铆钉锥度紧密地贴合于窝孔锥角。铆接开始时，窝头应轻轻地沿沉头铆钉头周围晃动或点铆，使其沉头铆钉头贴紧钉窝后再加大铆枪功率进行铆接。

（12）楔形连接件的沉头铆钉铆接，窝头要垂直于工件表面，顶铁工作面向楔形的张开方向倾斜 2°～3°，作用于铆钉杆上，镦头稍成型后，再把顶铁垂直于铆钉杆端面。

（13）在铆钉杆初镦时发生钉杆有轻微顶歪情况时，可将顶铁工作面沿歪的方向逆顶，矫正钉杆后，顶铁工作面仍垂直于（或轻轻摇晃）钉杆铆接，直至镦头成型。

（14）当铆接两种不同材料的连接件或铆接材料相同而厚度不同的两个连接件时，为防止铆接变形，应尽量将镦头成型在较硬材料或材料较厚的那面。

（15）在铝合金材料上铆接钢铆钉时，一般情况下，为避免工件变形，图样上规定在钢铆钉头下面（指凸头铆钉）和钉杆尾部那面置放相应直径金属垫圈进行铆接。为防止尾部垫圈铆接时受振动而产生窜动，不贴合工件，可自制叉片按住垫圈后进行铆接。

（16）在结构件通路较差，用手指直接无法向铆钉孔放铆钉时，可使用放钉器，如图 5-37 所示。

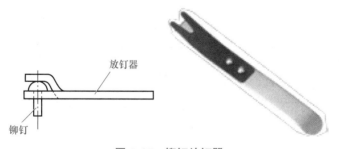

图 5-37　铆钉放钉器

（17）为提高铆接构件的表面质量，应尽量采用正铆法。

（18）两人配合铆接时，握枪人和顶持人要事先商定好各种铆接过程中的配合协商信号，如开始锤击、镦头高、镦头扁、镦头歪、更换铆钉、镦头成型合格，都要用信号通知对方，以掌握铆接情况，及时排除故障或继续铆接。

◼◇ 【任务实施】

双层蒙皮铆接

1. 实训目的

通过双层铆接件的练习，掌握飞机结构件普通铆接的钻孔、锪窝、铆接等工序的技术要求和操作要点。

2. 制作工件

练习件图纸如图 5-38 所示。

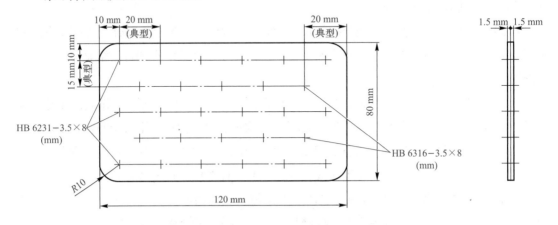

技术要求：
1. 制孔、制窝及镦头、钉头均依据通用技术条件；
2. 铆接后变形不平度不大于0.3 mm；
3. 盖板锉斜边；
4. 所有边缘打磨光滑、无毛刺。

图 5-38 练习件图纸

3. 实训工卡

实训工卡见表 5-9。

表 5-9 实训工卡

任务编号			实训工卡		工卡编号		
任务类型	单项技能				版本号		
机型		计划工时		工位		页码	第　页 共　页
标题		双层蒙皮铆接					
参考技术文件	飞机铆接安装通用技术条件、铆装钳工技能						
注意事项	1. 坚持安全、文明生产规范，严格遵守实训室制度和劳动纪律； 2. 穿戴好劳动保护用品，不携带与实训工作无关的物品； 3. 不同型号的铆钉分开存放，检查计量器具效验日期； 4. 铆枪严禁指向人或非铆接零件时打空枪。 5. 使用剪板机、砂轮机等设备时，须在教师指导下进行，应遵守安全操作规程						

140

工具 / 设备 / 材料 / 防护						
类别	名称	型号 / 规格	单位	数量	工作者	检查者
工具						
设备						
耗材						
防护用品						
项目	工作内容				工作者	检查者
一	准备工作					
1	技术资料：查询资料，找到与任务相关的知识内容					
2	工作场地 / 设备：检查工作现场和设备的运行安全					
3	工具 / 材料：按工具清单清点工量具，准备实训材料					
4	劳动防护：按实训要求穿戴劳动保护用品，做好个人安全防护					
二	下料					
1	根据图样确定板料 –1、–2 的毛料形状和下料尺寸。在板料上画线、剪切下料。 注意：下料时按图样画线，保持合适的锉修加工余量（2～5 mm）；剪切下料时按剪板机操作规程正确使用					
2	板料表面校平。 注意：使用橡胶榔头校平					
3	用平锉刀去除板料边缘毛刺，锉修光滑。 注意：按图样锉修到规定尺寸					
三	制作铆钉孔					
1	根据图样确定铆钉的头型、材料、直径、长度和数量					
2	根据图样在厚度大的板料表面布置铆钉。 注意：用铅笔画线定位					
3	在铆钉孔位置用中心冲打上定位点。 注意：定位点的深度不大于 0.5 mm					

4	在钳台上夹紧板料，用风钻在四角铆钉定位点上打定位孔。 注意：在钳台上要用软钳口装夹板料；选用合适规格钻头按钻孔技术要求打铆钉孔		
5	在对角线上安装定位销，钻其余铆钉孔，在钻孔时先钻初孔，然后用比铆钉直径大 0.1 mm 的钻头扩孔。 注意：按钻孔技术要求打铆钉孔，初孔直径 =0.6 ~ 0.8 mm 铆钉直径。工件在垫木上操作时应保护表面		
6	钻孔完毕后卸下定位销，铆钉孔边缘用刮边器（或 10 mm 钻头）倒角 0.2 mm，清除毛刺。 注意：两块板料上、下表面的铆钉孔边缘都需要去除毛刺（埋头窝正面不需去除毛刺）		
7	按钻孔的技术要求检查铆钉孔加工质量		
四	制作沉头窝		
1	沉头铆钉的孔分别用划窝钻和深度限制器锪窝。 注意：按制窝的技术要求锪窝，加工中勤用标准钉对比窝的深度和形状		
2	按锪窝的技术要求检查沉头铆钉窝的质量		
五	铆接施工		
1	按图样要求选择合适铆枪冲头和顶铁，安装铆钉施铆。 注意：按铆接技术要求施工；半圆头钉采用反铆法铆接；埋头钉采用正铆法铆接；正铆法铆接需要消除板料间隙		
2	检查铆接施工质量应符合技术要求。 注意：检查蒙皮、钉头表面质量、铆钉镦头直径和镦头高度		
3	如检查发现有不合格铆钉，按以下步骤拆除与重铆。 注意：如全部合格，则不需以下工序		
4	在蒙皮表面标记出不合格铆钉，在铆钉头部用中心冲打上定位点。 注意：定位点深度大于 0.5 mm		
5	选择与铆钉同直径（或小 0.5 mm）的钻头钻在铆钉头上打孔。 注意：钻钉头时应找准铆钉中心，如偏斜应及时纠偏，钻深度为钉头与钉杆的接合部位		
6	钻到所需深度后用直杆冲撬除钉头		
7	用顶铁在铆钉镦头旁边顶住蒙皮，在另一边用稍比铆钉杆直径小 0.5 mm 的直杆冲打出铆钉杆		
8	检查铆钉孔实际偏差符合同号铆钉孔的要求，用原直径铆钉铆接。 注意：铆钉孔如有超差时，则需加大一级铆钉（用比原孔大 0.5 mm 的钻头），并重新钻孔、制作沉头窝		

9	放入铆钉重新铆接，按技术要求检查重铆质量		
六	结束工作		
1	用记号笔或钢印做好标记（学号），向指导教师提交工件和工卡		
2	清点工具和量具，按要求维护后摆放规范整齐		
3	清扫工作现场，保持工位干净整洁，符合安全文明生产要求		

【巩固提高】

1. HB 6229 铆钉的头型是（ 　　）。

   A. 平锥头铆钉　　　　B. 大扁圆头铆钉　　　C. 沉头铆钉　　　　　D. 半圆头铆钉

2. 当铆钉的直径为 4 mm 时铆钉长度经验计算公式为（ 　　）。

   A. $\sum\delta+1.4d$　　　　B. $\sum\delta+1.3d$　　　　C. $\sum\delta+1.2d$　　　　D. $\sum\delta+1.1d$

3. 在铆接不同强度的材料时，镦头应布置在材料（ 　　）。

   A. 强度较大的一面　B. 强度较小的一面　C. 刚度较大的一面　D. 刚度较小的一面

4. 铆接同一材料而厚度不等的构件时，镦头应布置在（ 　　）。

   A. 材料较薄的一面　B. 材料较厚的一面　C. 刚度较大的一面　D. 刚度较小的一面

任务 5.3　常用特种铆接

【任务引入】

特种铆接主要应用在结构有特殊要求的部位，其具有效率高、操作简单，能适应结构特殊要求的特点，还可用于飞机结构损伤的快速修理和故障排除。在飞机结构件连接技术中应用特种铆接技术，可以提高飞机结构的强度和疲劳寿命，增强密封结构的可靠性，解决单面通路区的连接问题。

【任务分析】

本任务旨在带领读者掌握飞机特种铆接工艺，能够理解常用特种铆钉及特种铆接工艺过程，能够正确选择铆钉，掌握常用特种铆接施工的方法和技术要求。

【知识学习】

5.3.1　环槽铆钉

国内航空标准的环槽铆钉由带环槽的铆钉和钉套组成。按受力形式分有抗拉型槽铆和抗剪型环槽钉，按铆接方法分有拉铆型（A 型）环槽铆和镦铆型（B 型）环槽钉，如图 5-39 所示。

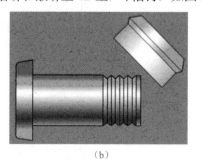

（a）　　　　　　　　　　　　　　　　　（b）

图 5-39　环槽铆钉

（a）拉铆型（A 型）；（b）镦铆型（B 型）

5.3.1.1　铆接工艺过程

1．制作铆钉孔

制孔方法与工艺过程见表 5-10。

表 5-10　环槽铆钉孔的加工　　　　　　　　　　　　　　　　　mm

环槽铆钉直径	钻初孔	钻孔	扩孔	铰孔 H10
4	2.5	3	3.8	4

环槽铆钉直径	钻初孔	钻孔	扩孔	铰孔 H10
5		4	4.8	5
6		5	5.8	6

2．拉铆成型

（1）拉铆过程。

1）放入铆钉套上钉套。钉杆从工件的一侧插入，将钉套套入伸出的铆钉尾杆。注意钉套的套入方向，不可装反，如图 5-40 所示。

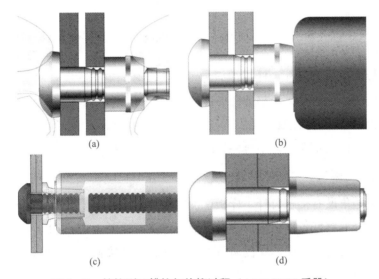

（a）　　　　　　　　　　　　　（b）

（c）　　　　　　　　　　　　　（d）

图 5-40　拉铆型环槽铆钉施铆过程（A320 SRM 手册）

（a）放钉和钉套；（b）对准拉枪；（c）拉铆成型；（d）拉断尾杆，退出拉枪完成拉铆

2）将装在拉枪上的拉头套在尾杆上，拉头中的夹头卡爪自动啮住尾杆拉槽。

3）扣动扳机，此时拉枪产生一种作用在钉杆上的拉力，其反作用力通过型模顶住钉套，将钉杆拉入钉孔，并消除夹层之间的结构间隙。当拉力增大时，拉枪的砧座沿钉套移动，迫使钉套的材料挤到钉杆的锁紧环槽，形成镦头。

4）继续扣动扳机，当拉枪的拉力达到预定拉力时，在环槽铆钉的断槽处被拉断，尾杆自动抛出。

5）形成镦头后检查镦头质量，并按要求进行防腐处理。

（2）镦铆过程。铆接镦铆型环槽铆钉应优先选用压铆机压铆，其次用铆枪进行铆接，如图 5-41 所示。

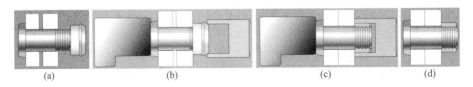

（a）　　　　　　（b）　　　　　　（c）　　　　　　（d）

图 5-41　镦铆型环槽钉铆接施铆过程

（a）放钉和钉套；（b）冲头和顶把对准铆钉；（c）形成镦头；（d）完成镦铆

1）放入铆钉套上钉套。如是干涉配合，则用榔头或铆枪将铆钉打入孔中。

2）用顶把顶紧铆钉头，将冲头模腔套在钉套上。

3）启动铆枪，借冲头的锤击力将套环材料挤入铆钉镦头端的环槽，并靠冲头的特定窝型将套环成型为要求的形状，以形成牢固的镦头。镦铆时冲头切勿触及钉杆，以防钉杆松动；模腔的倾斜角度不得超过 3°。

4）完成铆接后按要求进行防腐处理。

5.3.1.2 质量检测

用镦头检验样板的过端和止端来检测钉杆和镦头的质量，如图 5-42 所示。

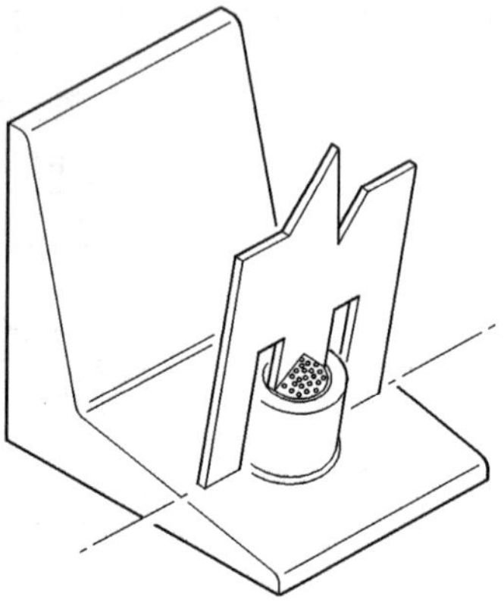

1. 用样板的过端检查钉杆

（1）当样板触角接触钉杆、样板端面与工作表面有间隙时，则选择的钉杆长度合适，合格如图 5-43（a）所示。

（2）当样板触角没有接触钉杆端头，样板端面接触工件表面时，钉杆短，镦头不合适，不合格如图 5-43（b）所示。

2. 用样板的止端检查钉套和钉杆

（1）当样板触角没有接触钉杆，样板端面接触工件而不接触钉套时，选择的钉杆长度合适，钉套成型，合格，如图 5-43（c）所示。

图 5-42　镦头检验样板

（2）当样板触角接触钉杆，样板端面离开工件表面并接触到钉套时，钉杆太长，钉套镦头不够，不合格，如图 5-43（d）所示。

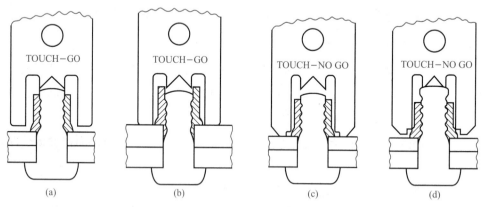

图 5-43　用样板过端检查钉杆、镦头和止端检查钉套和钉杆质量（**B737 SRM 手册**）

（a）合格；（b）不合格；（c）合格；（d）不合格

5.3.2　抽芯铆钉

抽芯铆钉的铆接属单面铆接。铆钉的种类较多，目前常用的国产抽芯铆钉有拉丝型 HB 5844 ～ HB 5893—1996 抽芯铆钉，主要由钉套、芯杆和锁环组成，使用双动拉铆枪进行铆接。国外的抽芯铆钉常用的有鼓包型，如美国 CHERRY 系列抽芯铆钉，由钉、芯杆、锁环和垫圈组成，芯杆上带有一个剪切环，以利于形成镦头，该系列铆钉使用单动拉铆枪即可完成铆接工作。

5.3.2.1 拉丝型抽芯铆钉的铆接

1. 拉丝型抽芯铆钉的种类

国内航空用拉丝型抽芯铆钉主要有 100° 沉头和平锥头两个类型，如图 5-44 所示。

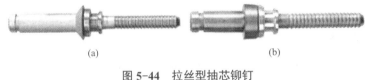

（a）　　　　　　　　　　　（b）

图 5-44　拉丝型抽芯铆钉

（a）100° 沉头；（b）平锥头

国外拉丝型抽芯铆钉的典型代表是 HUCK 抽芯铆钉，如图 5-45 所示。

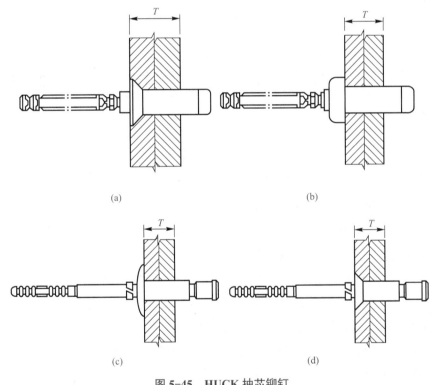

图 5-45　HUCK 抽芯铆钉

（a）MS21140；（b）MS90354；（c）NAS1919；（d）NAS1921

2. 铆钉长度的选择

根据抽芯铆钉基本直径和夹层厚度确定铆钉的长度。首先用夹层厚度尺测量结构的夹层厚度，如图 5-46 所示，当结构为变厚度时，其测量基准应选在孔的最浅处。依据夹层厚度尺上的读数确定夹层号，按抽芯铆钉基本直径和夹层型号选取钉套和芯杆的长度。

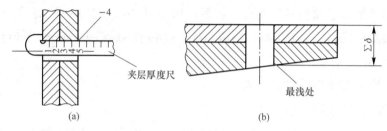

图 5-46　测量方法

（a）等厚度；（b）变厚度

3．铆接工艺过程

（1）铆钉孔的加工采用钻孔、扩孔方法，优先选用钻扩一体的复合钻加工。

（2）按铆钉种类和直径的大小选用合适的拉铆枪，并根据产品结构的可达性选用不同形式的拉头或转接器。

（3）施铆时，抽钉拉枪头部应垂直贴紧工作表面，如图 5-47 所示。

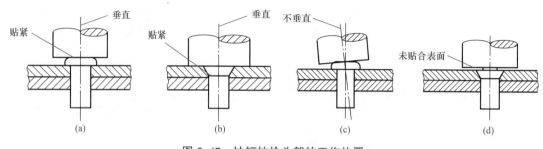

图 5-47　抽钉拉枪头部的工作位置

（a）（b）正确位置；（c）（d）不正确位置

（4）施铆的工艺过程，如图 5-48 所示。

1）将铆钉塞入拉铆枪的拉头，拉头内的卡爪将铆钉夹住。将铆钉放入孔内，使拉铆枪垂直于结构件表面并压紧，以消除结构件之间的间隙。

2）将芯杆拉入钉套，扣动扳机，芯杆被拉向上，使芯杆尾端较粗部分进入钉套，将钉套由下而上地逐渐涨粗，钉套填满钉孔。当拉铆枪继续抽拉芯杆到一定位置时，结构件紧紧地贴靠在一起，消除了结构件之间的间隙。

3）继续抽拉芯杆，产生了形似拉丝的动作，并完成了孔的填充动作，形成镦头。此时芯杆的断口处已停留在与钉头面齐平处。

4）压入锁环，拉铆枪的第二个动作是将锁环推入芯杆与钉套的锁紧环槽。

5）芯杆被拉断，完成拉铆，用铣平器铣平芯杆的断口。

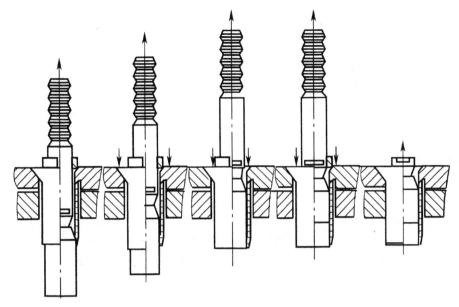

图 5-48　拉丝型抽芯铆钉施铆工艺过程

5.3.2.2　鼓包型抽芯铆钉的铆接

1．铆钉的结构

鼓包型抽芯铆钉由芯杆、钉套和锁环组成，如图 5-49 所示。

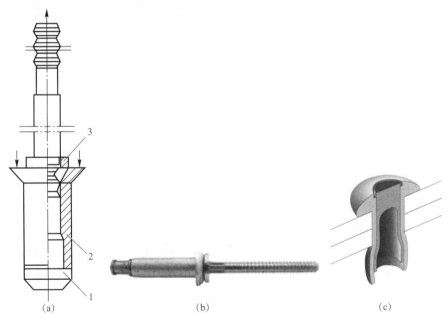

图 5-49　鼓包型抽芯铆钉的结构

1—芯杆；2—钉套；3—锁环

2．铆接工艺过程

根据铆钉孔精度一般采用钻、扩的方法制作铆钉孔，可优先选用钻扩一体的复合钻。施铆的工艺过程，如图 5-50 所示。

（1）将铆钉塞入拉铆枪的拉头，拉头端面应与钉套上的垫圈相贴合，拉头内的卡爪将铆钉夹住（注意：此时的铆钉不可从拉头内退出，若要退出，必须分解拉头）。将铆钉放入孔内，使拉铆枪垂直于结构件表面并压紧，以消除结构件之间的间隙。

（2）将芯杆拉入钉套，扣动扳机，使拉头紧顶住垫圈，芯杆被向上抽拉。

（3）芯杆继续向上抽拉，芯杆上剪切环被剪切并留在镦头内，开始压入锁环。

（4）锁环填满芯杆的凹槽中形成镦头。当拉铆枪的拉铆力达到一定值后，芯杆在断槽处断裂，被拉断的残尾杆从拉铆枪中自动弹出。

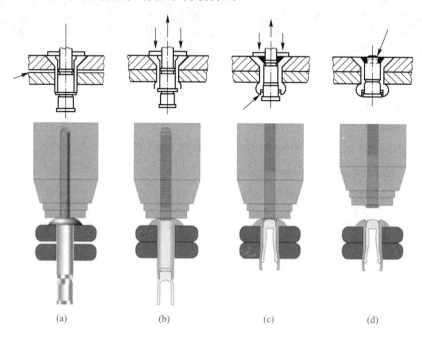

图 5-50　鼓包型抽芯铆钉铆接工艺过程

（a）放入铆钉；（b）将芯杆拉入钉套；（c）剪切环被剪切；（d）压入锁环形成镦头

【任务实施】

1．实训目的

在完成本项目的基本知识学习后，通过对特种铆接件的练习，掌握飞机结构件特种铆接的钻孔、锪窝、铆接等工序的施工技术要求和操作要点，能独立完成钻孔、锪窝、铆接和质量检查等施工步骤。

2．制作工件

特种铆接练习件如图 5-51 所示。

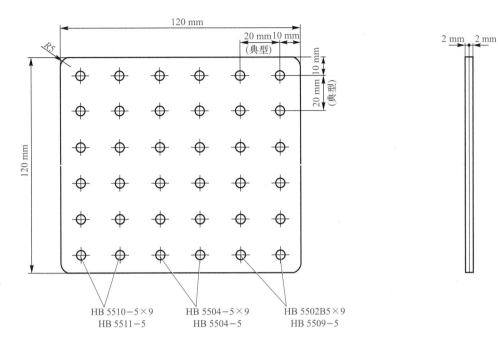

HB 5510−5×9   HB 5504−5×9   HB 5502B5×9
HB 5511−5   HB 5504−5   HB 5509−5

技术要求:
1.制孔、制窝及镦头、钉头均依据通用技术条件;
2.铆接后变形不平度不大于0.3 mm;
3.盖板锉斜边;
4.所有边缘打磨光滑、无毛刺。

图 5-51   特种铆接练习件

3. 实训工卡

实训工卡见表5-11。

表 5-11   实训工卡

任务编号		实训工卡			工卡编号	
任务类型					版本号	
机型		计划工时		工位		页码	第　　页 共　　页
标题		特种铆钉组合铆接					
参考技术文件		飞机铆接安装通用技术条件、铆装钳工技能					
注意事项		1. 坚持安全、文明生产规范,严格遵守实训室制度和劳动纪律。 2. 穿戴好劳动保护用品,不携带与实训工作无关的物品。 3. 将不同型号的铆钉分开存放,检查计量器具效验日期。 4. 拉铆枪按工具使用手册操作。 5. 使用剪板机、砂轮机等设备时,须在教师指导下进行,应遵守安全操作规程					
工具 / 设备 / 材料 / 防护							

类别	名称	型号/规格	单位	数量	工作者	检查者
工具						
设备						
耗材						
防护用品						

编写		审核		批准	

<table>
<tr><td colspan="3">完工签署</td></tr>
<tr><td>检查者</td><td></td><td>完工日期</td></tr>
</table>

项目	工作内容	工作者	检查者
一	准备工作		
1	技术资料：查询资料，找到与任务相关的知识内容		
2	工作场地/设备：检查工作现场和设备的运行安全		
3	工具/材料：按工具清单清点工量具，准备实训材料		
4	劳动防护：按实训要求穿戴劳动保护用品，做好个人安全防护		
二	下料		
1	根据图样确定板料-1、-2的毛料形状和下料尺寸。在板料上画线、剪切下料。 注意：下料时按图样画线，保持合适的锉修加工余量（2～5 mm）；剪切下料时按剪板机操作规程正确使用		
2	板料表面校平。 注意：使用橡胶榔头校平		
3	用平锉刀去板料边缘毛刺，锉修光滑。 注意：按图样锉修到规定尺寸		
三	制作铆钉孔		
1	根据图样确定铆钉的头型、材料、直径、长度和数量		
2	用钢板尺和铅笔在板-2夹板上画出铆钉位置线		

3	钻初孔 ϕ3.0 mm。以板 -2 为基准件，将板 -1 与板 -2 定位，用弓形夹夹紧，并按板 -2 上的初孔钻出板 -1 上的 ϕ3.0 mm 初孔		
4	用 ϕ3 定位销夹紧固定，松开弓形夹		
5	环槽钉的制孔工艺过程：钻初孔 ϕ3.0 mm，钻孔 ϕ4.0 mm，扩孔 ϕ4.8 mm。 按已定位的工件上初孔，用 ϕ4.0 mm 的钻头钻孔 ϕ4.0 mm（保证垂直度）。用环槽钉专用扩孔钻扩孔 ϕ4.8 mm		
6	用专用铰刀铰孔 ϕ5H10		
7	按钻孔和铰孔的技术要求检查铆钉孔加工质量		
四	铆接施工		
1	在工件上做好标记，拆掉定位销，清洗工件上杂物后重新将工件定位，用定位销夹紧		
2	按图纸和标准施工要求，安装环槽铆钉		
3	按图纸和标准施工要求，安装抽芯铆钉		
4	按图纸和标准施工要求，安装螺纹空心铆钉		
5	按图纸和标准施工要求，安装高抗剪铆钉		
6	按要求在钉套一边涂专用胶		
7	检查铆接施工质量应符合技术要求。如检查发现有不合格铆钉，按特种铆接技术要求拆除与重铆。 注意：检查蒙皮、钉头表面质量、铆钉镦头直径和镦头高度		
五	结束工作		
1	用记号笔或钢印做好标记（学号），向指导教师提交工件和工卡		
2	清点工具和量具，按要求维护后摆放规范整齐		
3	清扫工作现场，保持工位干净整洁，符合安全文明生产要求		

☑ 【巩固提高】

1. 关于拉铆型环槽铆钉施工说法正确的是（　　　）。

    A. 放入钉套的方向没有要求

    B. 环槽铆钉被拉断后，尾杆要人工取出

    C. 铆接完毕后镦头不需要防腐处理

    D. 铆接时，尽量使拉铆枪与钉套贴近垂直

2．环槽铆钉在制作铆钉孔时钻初孔的尺寸为（　　）mm。

  A．3.1   B．3.2   C．3.5   D．2.5

3．完成铆接后钉头需要按要求进行（　　）处理。

  A．表面   B．防腐   C．打磨   D．涂油

4．拉丝型抽芯铆钉施工的工艺过程有（　　）。

  A．钻孔、扩孔、铰孔

  B．钻孔、扩孔

  C．施铆时抽钉拉枪头部应垂直贴紧工作表面

  D．完成拉铆后要用铣平器铣平芯杆的断口

 知识拓展

钣金基础

  飞机钣金加工技术是飞机结构制造与装配的一个重要组成部分，是实现飞机结构特性的重要制造技术之一。现代飞机的壳体主要是钣金铆接结构。统计资料表明，钣金零件约占飞机零件数量的 50%，钣金工艺装备占全机制造工艺装备的 65%，其制造工作量占全机工作量的 20%。因此，在学习飞机铆接装配技术的同时，也必须掌握一定的飞机钣金加工技术。

  使金属板材产生塑性变形而获得所需形状的方法，称为钣金成型加工。钣金成型是通过塑性变形获得的，所以加工的材料须具有良好的塑性变形能力。飞机维修中主要采用的成型种类有折边（弯曲）、延展和收缩、挤压、拉伸等。成型的方法包括手工成型和机械成型。

  飞机结构上使用冷加工成型的材料以铝合金为主。大部分铝合金不需要退火即可成型，但如果是非常特殊的成型操作，要求深度拉伸或复杂的曲面时，应在退火状态下成型。钣金加工常见术语如下：

  （1）宽边：弯曲成型后的较长边。

  （2）弯边：弯曲成型后的较短边，如果两边长度相等，则均称为宽边。

  （3）型线：宽边和弯边的外表面延长线，两条延长线的交点称为型线交点。

  （4）弯曲切线：板材的平直部分和弯曲部分的交线。

  （5）弯曲半径：从板材的弯曲面内侧测量得到的曲率半径。

  （6）基本长度：成型零件的外形尺寸，在图纸上已给出，也可从元件上测量得到。

  （7）收缩段：弯曲切线到型线交点的距离。

  板材弯曲成型如图 5-52 所示。

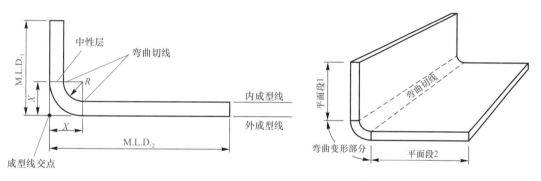

图 5-52　板材弯曲成型

（8）平面：零件的平面或平直部分，不包括弯曲，等于基本长度减去收缩段。

（9）中性面：弯曲金属板材时，在板的内侧曲面产生压缩力而在外侧曲面产生拉伸力，在内曲面和外曲面之间的某一曲面处，既没有压缩力也没有拉伸力，该面称为中性面，如图 5-53 所示。

（10）弯曲加工余量：成型零件弯曲部分弯曲加工所需材料的长度，即为弯曲中性面的长度。

（11）准线：成型金属板上画出的标记，此线与折边机的圆角镶条头部对齐作为弯曲工作的指示线。在弯曲之前一定要确定材料的哪一端可以很方便地插入折边机，然后从插入端的弯曲切线测量等于弯曲半径的长度，即为准线，如图 5-54 所示。

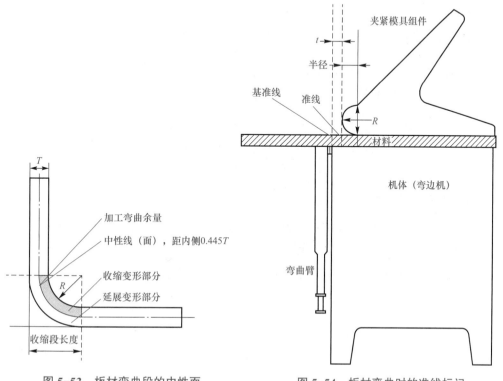

图 5-53　板材弯曲段的中性面　　　　图 5-54　板材弯曲时的准线标记

飞机装配现场管理

【项目简介】

飞机制造装配是一项十分复杂的工程，一方面因为在整个飞机制造过程中涉及的学科领域众多，需要多种专业人才相互配合与协同，从而导致管理工作和人员组织结构非常复杂；另一方面因为飞机是一个对安全性、可靠性、质量要求都很高的产品。例如，一架大型民用飞机制造涉及十万多个零件，这些零件靠着近百万个铆钉、螺栓等连接起来，随着装配进行，庞大数量的线缆、零部件、工艺装备与附件等会从库房依次运输到装配线上，并被装配在整机上。所以，在整个飞机制造装配过程中，必须对装配活动进行信息化管理和控制、提升装配现场管控水平，这也是当今飞机数字化制造技术亟须突破的关键点。

【学习目标】

1．知识目标

（1）了解飞机装配现场管理要求。

（2）了解飞机装配现场管理技术发展趋势。

2．能力目标

具备从事飞行现场管理的知识储备，培养认真履行装配现场管理要求的素养。

3．素质目标

掌握一定的学习方法，培养良好的职业道德和职业素养，磨砺精益求精的工匠精神，养成质量意识、环保意识、安全意识、创新意识，形成较强的集体意识和团队合作精神，能够理解企业战略和适应企业文化。

任务 6.1　飞机装配现场管理技术

【任务引入】

飞机装配涉及众多知识学科，需要多种专业人才相互配合与协同，共同完成数量庞大的零部件装配和调试。装配现场的人员调动、数据传递、零件安装、工装协调等工作极其复杂，如何管理才能保证装配工作有条不紊地进行？需要哪些先进的技术支撑？未来飞机装配现场管理技术的发展趋势是什么？

【任务分析】

首先，需要正确理解飞机装配现场的特点及其管理的复杂性；其次，针对飞机装配如此复杂的现场管理需求，必须借助一定的技术手段。作为飞机装配从业者，就必须了解相关管理规定。

【知识学习】

6.1.1　飞机装配现场的特点

飞机制造装配是指从零部件开始，按照组合件、段件、部件，到最终完成整架飞机装配的顺序进行。在总装车间生产中，基准部件（机身）沿着装配生产线呈流水线移动，其他部件（如起落架、发动机、机翼、尾翼等）则在总装配的不同阶段进入装配，各个系统（航电、液压等）的设备、附件等也是分阶段安置在飞机相应的位置上，并进行调整试验，直至装配出整架飞机。在整个装配过程中，需要用到装配定位的工艺设备，故在飞机的装配过程中也伴随着工艺装备的设计和制造、更改、维修的活动。另外，还包含制孔、测量、检测、调试等活动。一架飞机从零件生产、到组装成部件、再到装配成整机是一个需经历许多工序的复杂过程，需要多种专业人才相互配合与协同。飞机装配现场非常复杂，其主要特点如下：

（1）飞机从结构到生产工艺过程都十分复杂，装配过程中包括的零件、组件、部件制造，工装夹具和制造设备等制造资源种类繁多。

（2）飞机生产制造必须以客户订单需求来计划排产，按型号、批次、架次进行分级管理，从飞机设计到制造整个过程，生产周期长，工作任务量大。

（3）飞机装配生产管理中存在大量的生产信息流、物流、资金流等，管理中涉及从客户需求到计划再到生产执行过程，生产现场的所有动态数据信息，很难实现资源的管理与共享。

（4）飞机装配过程中涉及部门众多，如设计部门、工艺部门、生产部门、管理部门等，给生产管理带来很多不便。

6.1.2 飞机装配现场管理技术现状

飞机制造业作为机械制造业的重要产业。随着制造业信息化的快速发展，掌握飞机制造信息成为必然趋势。传统飞机装配技术大多使用刚性工装定位、基于模拟量传递的互换协调检验方法、手工制孔连接和分散的手工作坊式生产，信息流通慢，效率较低。近年来，随着 CAD/CAM、自动化技术、计算机信息与网络技术的不断发展，以及信息采集技术及 RFID 的日益成熟，产品数据管理 PDM（Product Data Management）开始在制造业广泛应用，许多飞机制造企业都不同程度地实施信息化管理。但是，在飞机装配生产线车间的管理与控制手段上，飞机生产过程中缺乏信息的高效信息化管理机制，不能完全实现对生产过程的实时监控，严重制约着飞机生产信息化水平的提高，其具体表现如下：

（1）信息流动性差，信息反馈速度很慢，实时性差，以致生产数据无法及时、准确地达到共享。在生产制造过程中，现场管理手段仍以手工作业方式为主，进行项目计划、生产计划制定、装配工艺设计、生产调度、信息登记、统计分析和报表制作。整个过程需要大量的数据信息，工作量大、速度慢，易导致信息在传递过程中出现丢失、传送不及时的现象。不能实时、精确地掌握有关生产的最新动态数据，难以对生产的实际状况进行全面分析，从而不能做出快速决策。

（2）生产计划执行进度、在制品生产进度和产品质量往往不能得到很好的控制。由于产品种类和生产工序繁多，影响生产过程不确定因素很多，大部分产品没有采用分级制项目管理方法进行管理，导致对计划、进度的跟踪与控制困难。

（3）在实际生产中，出现质量问题、产品返修、设备故障等意外情况时，调度员往往因不能掌握足够的生产动态信息，仅凭借经验来进行生产调度，是无法保证整个生产过程的协调的，容易出现生产中断的现象，造成生产资源的浪费。

6.1.3 数字化装配现场管理技术发展趋势

近年来，我国在飞机数字化装配领域有了长足的进步，在 ARJ21、C919 等项目上，针对不同需求建立起飞机数字化装配系统。在装配现场，以数字化工装作为定位与固定平台，以先进的数控钻铆系统作为自动连接设备，以数字化测量装置（如激光跟踪仪等）作为在线检测工具，并在数字化装配数据和数控程序共同作用下，完成集成化的数字化装配生产线的搭建，用以辅助产品的自动化装配。这些数字化的系统或者设备必然需要输入／输出大量的数据，这就需要设立一个信息化的现场管控管理平台，对这些数据进行智能化的管理，并控制其为生产制造服务，并最终构成完整的飞机数字化装配生产线，完成真正意义上的装配制造的数字化转变。目前，先进的飞机制造厂广泛采用 PDM 技术进行管理，将从概念设计、详细设计、工艺流程设计、加工制造、销售维护乃至产品消亡的整个生命周期内及其各阶段的相关数据，以及从物料、人员、产品、工装、组织结构到业务流程中的各种信息，按照一定的数学模型加以定义，并进行有效的组织和管理，使装配生产中所涉及的所有产品数据在产品的整个生命周期内始终保持更新，并保持一致性、共享性和安全性。这种数据管理方式将很好地面向企业的组织结构，提高产品质量与工作效率，缩短生产周期，提高产品核心竞争力。

数字化装配现场管理技术具有以下特征：

（1）数字化装配工艺设计：按照数字化的要求对产品进行工艺设计，是数字化装配制造的基础。

（2）数字化装配工装系统：基本与产品设计同步，使产品按照工艺设计和装配大纲进行，实现工艺装备的动态响应和控制，并且构建数字化的装配定位系统，使得定位更加精准。

（3）数字化的三维装配工艺设计与仿真系统：通过设计和仿真，输出装配所需的工艺或定位数据，提供数字化装配过程中的数字量传递。

（4）先进的连接设备与技术：其中包含的柔性制孔技术是数字化装配活动中的重要技术，另外，还包括自动钻铆系统等，为装配过程自动化的实现提供基础，在保证产品质量的基础上提高生产效率。

（5）数字化的测量与检验系统：精确测量装配中的各种数据，监测装配过程中的装配精度，并负责产品装配完成后的数字化检测，以保证装配质量。

（6）数字化的装配生产线辅助设备与管理：是数字化装配生产线的信息融合平台，包括工艺设计、生产线装配、检测交付、库存和物料管理等生产现场全过程的信息管理和控制。

【巩固提高】

1. 飞机装配现场管理特征有哪些？
2. 飞机装配现场管理的难点是什么？
3. 飞机装配现场管理的先进技术有哪些？
4. 数字化飞机装配现场管理技术的特征有哪些？

任务 6.2 飞机装配现场要求

【任务引入】

飞机是一个对安全性、可靠性、质量要求都很高的产品,任何制造阶段的瑕疵都可能导致极大的安全隐患。如何提升飞机装配现场质量?现场工作人员应遵守哪些飞机装配线工艺纪律要求和管理规定呢?

【任务分析】

在飞机装配现场,为防止产生多余物、改善工作环境、提高劳动效率,会要求现场作业者严格遵守飞机装配现场 6S 管理规定等规章制度,严格防止多余物被带上飞机。

【知识学习】

6.2.1 飞机装配现场多余物控制

多余物是指遗留在产品、零组件中一切与产品无关的物件。飞机在生产制造过程中产生多余物的环节很多,其中最主要可能在零件制造加工、装配、总装、试车及工具使用等环节产生,应采取相应的措施进行控制。

1. 加工制造过程中多余物控制

(1)对焊接过程应适当保护,防止残留飞溅物,焊后应彻底清除焊剂及氧化皮。

(2)液体及气体管路加工后应清理内部可能残留的多余物,清理后及时密封。

(3)在连接生产操作中,对易受多余物损害的部件、组合件应安装工艺防护盖或罩。

(4)在组合件、整机喷漆或涂胶工序应采取保护措施,防止深孔、管道等部位残留多余物。

(5)工作台面要整洁,及时除去碎屑、余料等弃物,并设置多余物回收箱。

(6)进入装配现场的工作人员必须按规定着装,不得携带任何与工作无关的物品。

(7)装配、试验、试飞现场应建立隔离区,无关人员不准进入该隔离区,非相关工作人员一律不许登机,非现场工作人员登机必须予以登记。

2. 零部件装配过程中多余物检查要求

(1)每班工作结束后,操作工人应及时清除各种如余量、金属屑等杂物,不得使用风管,以防止多余物转移,并检查所携带的工具、配套件、标准件等是否齐全。

(2)装配结构封闭之前,检验人员必须在现场监督,并按制造计划要求检查封闭区域,确认无多余物存在后,才能允许封闭。

3．飞机总装、试车过程中多余物检查要求

（1）操作人员应按有关生产说明书要求，在完成装机工作离开飞机之前清理遗留在飞机上的多余物，检查自己携带的工具、夹具、仪器、仪表等是否遗留。

（2）在装配过程中，开封的导管应在一个工作班内安装完毕，如未形成封闭回路、应安装工艺堵盖或重新包扎，再次安装时，应重新检查。

（3）对需要重新拆卸、分解或加以防串的零件和组合件，必须重新提请检验。

（4）飞机试车之前应检查和清除进气道、发动机短舱和整流罩处的多余物；清扫飞机周围地面、保持无杂物。

（5）系统安装时，一般不允许打开非本系统的、已包扎好的导管及封闭油箱。如因工作需要必须打开时，工作结束后必须重新检查其清洁度。

（6）所有未安装的导管都应处于封闭的状态。不能立即安装的导管和油箱或者已经安装未封闭的导管端头，油箱口、孔，电缆插头、插座等，应安装工艺堵盖后重新包扎（严禁用包装纸、抹布、胶布等物堵塞），防止带入多余物。

（7）加注油液应采用专用的加油车，加油车的油滤和油箱应定期清洗防止污染。对于燃油系统和滑油系统的油滤，在本架飞机试飞前应严格按照工艺规程的规定进行清洗、检查。

4．工具的控制

（1）生产现场，操作人员的配套工具和借用工具应具有统一的编号。

（2）工具有定期检查记录，发现问题应及时处理。

（3）上机工作时必须携带具有统一编号的工具。

6.2.2　飞机装配现场 6S 管理

6S 管理是现代企业的一种管理模式，将 6S 管理机制良好地运用到飞机装配现场，既可以提高生产效率，降低运营成本，提高装配质量，又可以培养出高素质的员工团队，从而提升企业竞争力。6S 管理即整理（Seiri）、整顿（Seiton）、清扫（Seiso）、清洁（Seiketsu）、素养（Shitsuke）、安全（Security），因内容的英文单词都以"S"开头，所以简称为 6S 现场管理。6S 管理是指在工作场所中，按定制管理要求，对作业环境、设备、工装、工具、材料、工件、人员等要素进行相应的整理、整顿、清扫、清洁、素养、安全管理活动。

（1）整理（Seiri）。整理是指将工作场所的任何物品区分为有必要的和没有必要的，有必要的留下来，其他的都消除掉。其目的是腾出空间，空间活用，防止误用，塑造清爽的工作场所。

（2）整顿（Seiton）。整顿是指把留下来的必要用的物品依规定位置摆放，并放置整齐加以标识。其目的是使工作场所一目了然，减少寻找物品的时间，营造整整齐齐的工作环境，消除过多的积压物品。

（3）清扫（Seiso）。清扫是指将工作场所内看得见与看不见的地方均清扫干净，营造干净、亮丽的工作环境。其目的是稳定品质，减少工业伤害。

（4）清洁（Seiketsu）。清洁是指将整理、整顿、清扫进行到底，并且制度化，经常使环境保持在美观的状态。

（5）素养（Shitsuke）。素养是指每位员工养成良好的习惯，并遵守规则做事，培养积极主动的精神（也称习惯性）。其目的是培养良好习惯、遵守规则的员工，营造团队精神。

（6）安全（Security）。安全是指重视成员安全教育，每时每刻遵循安全第一的观念，防患于未然。其目的是建立起安全生产的环境，所有的工作应建立在安全的前提下。

 【巩固提高】

1. 列举几条飞机装配现场的工艺纪律要求。
2. 列举飞机装配现场最可能成为多余物的隐患。它们有哪些危害？
3. 零部件装配过程中的多余物检查要求有哪些？
4. 6S 管理的定义是什么？
5. 6S 管理对提升飞机装配现场管理的作用有哪些？

知识拓展

飞机脉动装配生产线

脉动装配生产线是一种先进的装配生产线，目前主要用于航空领域，其概念衍生自汽车行业的移动式汽车生产线，是连续移动装配生产线的过渡阶段。与汽车行业的流水线不同的是，脉动装配生产线可以设定缓冲时间，对生产节拍要求不高，当生产某个环节出现问题时，整个生产线可以不移动，或留给下个站位去解决，当飞机的装配工作全部完成时，生产线就脉动一次。脉动装配生产线最早是由美国波音公司应用精益制造原则创造出来的。2000 年，在阿帕奇直升机的制造中应用了脉动式总装线；2006 年建成波音 717 的连续移动式总装配线，后来又在波音 737 的总装中应用，并且进行大量的经验总结和报道。飞机移动式总装配的优势显露出来以后，波音公司扩大了对它的应用，如其被应用于波音 757、777 和 P-8P 海军反潜巡逻机、F-18 和 C-17 重型运输等机种的装配中（图 6-1）。

图 6-1　波音飞机脉动总装线

波音公司在飞机装配线中成功地使用了脉动总装线，这一创造性的应用成功带动了其他的飞机制造商。继波音公司之后，美国的洛克希德·马丁公司在 2003—2004 年也建成了 F-35 的脉动总装线，后来又建立了 F-35 各个大部件的集成装配线。2017 年，洛克希德·马丁公司共生产了 66 架 F-35 战机，最终目标是在 2023 年实现年产 160 架 F-35（图 6-2）。

图 6-2　F-35 脉动装配生产线

我国在飞机装配生产线中也有很多脉动装配生产线的案例。中航工业西安飞机工业（集团）有限责任公司建成了国内首条飞机脉动总装生产线，于 2010 年 5 月基本建成并正式投入使用，实现了国内飞机制造水平的显著提升，2017 年 4 月，中航工业陕西飞机工业（集团）有限公司成功在运-9 飞机等的生产中采用了脉动生产线（图 6-3）。

图 6-3　运-20 生产线

飞机总装领域脉动装配生产线的应用拓宽了航空工业生产线的思路，如今在飞机的部件如机翼及航空发动机的装配中也开始使用脉动装配生产线，并且有部件脉动装配线优先于总装配线建设的趋势。如在生产 C-17 运输机的发动机悬架时，采用脉动装配线将减少装配周期 20%，降低成本 10%。波音 787 飞机复合材料结构的水平尾翼和垂直尾翼的脉动装配生产线、空客 A350 飞机的复合材料机身蒙皮壁板的脉动装配生产线也陆续投入使用。另外，英国宇航也建立了机翼的移动式装配线。由于部件采用脉动装配时受企业外部供应链影响较小、易于成功、见效快，是近来部件脉动装配生产线发展较快的原因（图 6-4）。

图 6-4　A400M 军用运输机的机翼生产线

法国赛峰航空发动机（Safran Aircraft Engine）公司改变了传统的继承 GE 公司在立式固定机架上"穿糖葫芦"式的总装过程，于 2011 年实现了 CFM56 发动机的脉动装配，使装配周期缩短 35%。2014 年，赛峰航空发动机公司长期合作供应商 eXcent 公司为其新一代 LEAP 系列发动机生产了预串联组装夹具，设计了脉动装配生产线（图 6-5、图 6-6）。

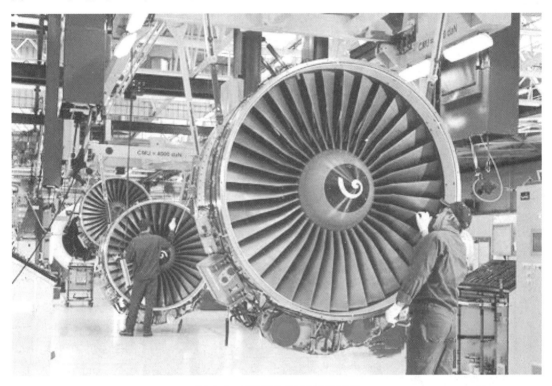

图 6-5　CFM56-5B 脉动生产线

图 6-6　Pure Power 系列发动机总装脉动生产线

此外，脉动装配生产线在工业领域的使用也不再限于飞机装配，开始在其他产品中发展起来。波音公司最早尝试将脉动装配生产线引入其军工产品制造领域。2008年，波音公司为美国军方新一代GPS制造卫星建成了脉动装配生产线，尽管总共只承担了12颗卫星的制造任务，而仅仅在第4颗卫星的制造才能用上脉动装配生产线，但是波音公司还是在极小批量、极复杂的产品生产中，成功地运用了脉动装配生产线。

参考文献

[1] 康永刚. 飞机装配工艺装备 [M]. 西安：西北工业大学出版社，2018.

[2] 薛红前. 飞机装配工艺学 [M]. 西安：西北工业大学出版社，2015.

[3] 王宝忠. 飞机设计手册（第 10 册）：结构设计 [M]. 北京：航空工业出版社，2000.

[4] 任仁良，张铁纯. 涡轮发动机飞机结构与系统（ME-TA）[M]. 北京：兵器工业出版社，2006.

[5] 王海宇. 飞机装配工艺学 [M]. 上册. 西安：西北工业大学出版社，2012.

[6]《航空制造工程手册》总编委会. 航空制造工程手册 – 飞机装配 [M]. 2 版. 北京：航空工业出版社，2010.

[7] 中国航空综合技术研究所. HB/Z 405—2013 激光跟踪仪安装型架工艺 [S]. 北京：中华人民共和国工业和信息化部，2013.